县级科协工作案例选编

中国科学技术协会组织人事部　编

中国科学技术出版社

·北 京·

图书在版编目（CIP）数据

县级科协工作案例选编/中国科学技术协会组织人事
部编. —北京：中国科学技术出版社，2013.8 (2015年3月重印)
ISBN 978－7－5046－6393－1

Ⅰ.①县…　Ⅱ.①中…　Ⅲ.①县-中国科学技术
协会-工作-案例-汇编　Ⅳ.①G322.25

中国版本图书馆 CIP 数据核字（2013）第 158223 号

策划编辑	吕建华　许　英
责任编辑	许　英　包明明
封面设计	刘　潇
责任校对	凌红霞
责任印制	张建农

出　　版	中国科学技术出版社
发　　行	科学普及出版社发行部
地　　址	北京市海淀区中关村南大街 16 号
邮　　编	100081
发行电话	010－62173865
传　　真	010－62179148
网　　址	http://www.cspbooks.com.cn

开　　本	787mm×1092mm　1/16
字　　数	306 千字
印　　张	19.25
印　　数	12001—22000 册
版　　次	2013 年 9 月第 1 版
印　　次	2015 年 3 月第 2 次印刷
印　　刷	北京长宁印刷有限公司

书　　号	ISBN 978－7－5046－6393－1/G·619
定　　价	38.00 元

前　言

在认真学习贯彻中国共产党第十八次全国代表大会精神、积极组织动员广大科技工作者为夺取中国特色社会主义新胜利而努力奋斗之际，《县级科协工作案例选编》一书正式出版。

科协工作是国家科技工作和党的群众工作的重要组成部分。县级科协是党和政府联系基层科技工作者的桥梁和纽带，是推动县域科学技术事业发展的重要力量。县级科协作为中国科协一级地方组织，直接面向群众、面向基层，起着承上启下的作用，在科协组织体系中处于重要地位。

近年来，各地县级科协坚持党的领导，在中国科协和省级科协的指导下，认真履行"为经济社会发展服务、为提高全民科学素质服务、为科学技术工作者服务，加强科协自身建设"的工作职能，紧紧围绕当地党委、政府的工作大局，积极发挥科协组织优势，组织带领广大基层科技工作者，在促进县域经济发展方式转变、普及科学技术知识、培育造就基层科技人才、提升学会服务能力等方面做了大量的工作，为当地科技进步、经济社会发展，为社会主义新农村建设做出了积极贡献。

为了彰显县级科协工作成绩，总结推广县级科协工作的好做法、好经验，利用典型案例推动和指导县级科协工作开展，2010年年底，中国科协组织人事部在全国开展了"县级科协工作典型案例征集活动"，各省级科协和市级科协认真组织，各县级科协纷纷响应，踊跃投稿。中国科协组织人事部共收到县级科协工作案例886个，经评审从中选出典型案例141个。中国科协第八次全国代表大会之后，为更加全面、系统反映新时期县级科协工作情况，本书编写组又从县级科协有关资料中补充收集了若干县级科协典型案例。编写组对这些入选的典型案例，在文章结构、叙述方式、语言风格以及体例上进行了规范和加工，去粗取精，删繁就简，力求做到主题突出、观点明确、经验鲜活、叙述完整、文字准确，既保持案例本身的完整性和独特性，又突出案例编辑的时代性和思想性，真正成为指导县级科协工作的辅导教材。本书便是在此基础上编纂而成的。

本书依据县级科协工作内容编排，由科普工作、学会工作、科技人才工作、组织建设和服务区域经济发展五部分组成。考虑到科普工作是县级科协工作的重点，特点突出，内容充实，经验丰富，案例较多，又将县级科协科普工作分为科普工作的重点人群、科普工作的主要方式、科普资源的开发集成三部分。每部分为一章，全书共分为七章，每章又根据案例内容分为若干小节。各章开头用简短的导语介绍县级科协有关工作，每节开头用简短的文字集中对有关案例进行分析和点评，以帮助读者更好地学习、借鉴和思考。

本书是《县级科协工作手册》的姊妹篇。指导工作有两种方式或途径，一是理论指导，二是经验指导，两者都来源于实践。经验是对实践的抽象，理论是对经验的再抽象。从对县级科协工作的指导看，《县级科协工作手册》属于理论指导，本书属于经验指导。实践证明，理论指导和经验指导都是有效的指导方法，而经验指导有不可替代的作用。我们编写此书旨在让各级科协的同志，尤其是县级科协的同志了解全国各地县级科协的主要工作情况，从典型案例中汲取经验，学习工作方法，开拓工作思路，将科协工作开展得更加有声有色，为全面建成小康社会，为加快建设创新型国家做出新的更大的贡献！

本书编写组
2013 年 6 月

目 录

第一章　面向重点人群开展科普活动 ················· 1

　　一、培育未成年人的科学兴趣 ··················· 3

　　二、培养农民科技致富能力 ····················· 14

　　三、提升城镇劳动人口科学素质 ··············· 27

　　四、提高领导干部和公务员科学素质 ········· 37

　　五、抓好对特殊人群的培训 ····················· 45

第二章　运用多种方式开展科普宣传 ··············· 53

　　一、传统便利的平面媒体贴近群众 ············· 55

　　二、形式活泼的视听媒体影响群众 ············· 67

　　三、广布快捷的网络媒体服务群众 ············· 75

　　四、形式多样的科普阵地吸引群众 ············· 86

第三章　开发集成科普资源　夯实科普工作基础 ··· 99

　　一、利用特色资源，建立科普宣传平台 ······· 101

　　二、引进专家智力，创建科普品牌 ············· 106

　　三、动员各类人群，组织科普志愿者队伍 ····· 114

　　四、结合当地实际，加强科普设施建设 ······· 121

　　五、积极创造条件，完善科普活动机制 ······· 131

第四章　服务区域经济发展 ························· 145

　　一、引导农民科技致富 ························· 147

　　二、为农民走向市场铺路搭桥 ················· 153

　　三、为企业发展、农业产业升级提供智力支撑 ··· 158

　　四、组织开展科技成果引进推广应用 ········· 167

第五章　拓宽学会工作发展空间 ··················· 173

　　一、创新学会管理运行机制 ····················· 175

二、积极开展学术交流、技术交流与培训活动 ·············· 185

三、组织开展决策咨询服务 ····························· 191

第六章　加强科技人才建设工作 ····························· 203

一、搭建科技人才成长平台 ··························· 205

二、着力培养乡土人才 ······························· 215

三、表彰宣传优秀科技人才 ··························· 226

四、密切联系和服务科技人才 ························· 231

第七章　加强科协组织建设 ······························· 243

一、夯实县级科协组织建设基础 ····················· 245

二、扩大科协基层组织覆盖面 ······················· 253

三、推进农技协组织创新发展 ······················· 264

四、以制度建设带动组织建设 ······················· 284

后记 ··· 294

第一章

面向重点人群开展科普活动

为了通过发展科学技术教育、传播与普及，尽快使全民科学素质在整体上有大幅度的提高，实现到 21 世纪中叶我国成年公民基本具备科学素质的长远目标，促进社会主义物质文明、政治文明、精神文明建设与和谐社会建设的全面发展，2006 年国务院颁布实施了《全民科学素质行动计划纲要（2006—2010—2020）》（以下简称《科学素质纲要》）。《科学素质纲要》提出，把未成年人、农民、城镇劳动人口、领导干部和公务员作为公民科学素质建设的四类重点人群，以重点人群科学素质行动带动全民科学素质的整体提高，要使未成年人对科学的兴趣明显增强，领导干部和公务员的科学决策水平不断提高，农民、城镇劳动者、社区居民的科学素质显著提升，城乡居民之间、经济发达地区与欠发达地区居民之间的科学素质差距逐步缩小。

根据《科学素质纲要》所提出的要求，各地县级科协及基层科协针对重点人群，结合当地实际情况，因地制宜地开展各种科普活动，科普活动走进校园、乡村、城镇社区和机关单位，积累了许多新形式、新经验。

一、培育未成年人的科学兴趣

　　未成年人是国家的未来，民族的希望，也是《科学素质纲要》所提及的重点人群之一。就科普宣传和科学素质教育而言，提高未成年人对科学技术的兴趣，增强他们的创新意识和实践能力，对提高整个民族的科学素质有着至关重要的影响。

　　中小学生属于未成年人，他们正处在人生的成长期。在校园中开展多种形式的科普活动，不仅可以丰富中小学生的课余生活，补充课堂教学的不足，而且能够激发他们对学习科技知识的兴趣，培育其科学精神。这既是科学素质教育发展的需要，也是广大中小学生成长的需要。

　　一些地方的县级科协及基层科协在开展校园科普活动中，密切结合学生实际需要，选择他们感兴趣的活动主题和灵活多样的活动方式，收到令人满意的实效。

☞ ［案例1］

安徽省五河县科协为学生开拓眼界，举办"走近科学"素质拓展夏令营

2007—2010年，五河县科协联合县教育局连续四年组织全县城关地区学生开展"走近科学"素质拓展夏令营活动。夏令营每期组织100名左右的学生，分别参观中科院合肥科学岛、合肥市科技馆、上海市青少年教育基地——东方绿洲、上海科技馆、浙江科技馆、自然博物馆、北京天文馆、中国科技馆等科普场所；参观清华大学、中国科技大学、中国海洋大学、浙江大学等知名高校，收到良好的效果。

"走近科学"素质拓展夏令营的参观活动，使同学们有机会接触国内一流的科研院所、科技馆、博物馆和知名高校，让同学们与科学家、高校教师和科技馆、博物馆老师亲密接触，了解科学研究的基本过程和主要学科，近距离接触科研装置、亲手操作科技馆里的实验装置，感受大学里的文化氛围，从而培养学生们对学习科技知识的浓厚兴趣。虽然每期夏令营的时间不长，但却能让同学们走出校园和家庭，学到课堂之外的科技知识和社会知识，丰富了青少年时期的社会阅历。每期夏令营结束时，许多同学都兴奋地说，夏令营的参观学习活动开拓了眼界，增加了学习的动力，

将是一生的美好回忆。

☞ [案例2]

上海市普陀区科协举办"虫虫"夏令营，让学生与大自然亲密接触

到 2010 年，由上海市普陀区科协、区教育局联合举办，普陀区青少年科技辅导员协会、普陀区青少年中心承办的青少年"虫虫"夏令营已连续举办了 7 年。这项活动主要面对中小学生，参加人数已经超过千人。活动充实了中小学生的暑期生活，开阔了眼界，更重要的是能使学生与大自然进行亲密接触，在快乐的活动中认识和了解各种各样的昆虫与植物，从而培养他们形成保护生物多样性的意识，从小关心大自然，热爱大自然的美好情感。

"虫虫"夏令营激发了学生对自然的探究兴趣。让学生走进自然去观察昆虫的形态、生活习性，增加了对昆虫的了解和对自然环境的认识，获得亲身参与实践的积极体验和丰富经验，并进而使学生树立热爱自然、人与自然和谐发展和生物多样性保护的意识。

"虫虫"夏令营培养了学生的认知能力。老师为学生们讲解有关昆虫的基本知识，学生们在观察和捕捉昆虫的过程中，了解各种昆虫的生长规律和习性，将

捕捉到的昆虫进行分类整理，制作标本，而且尝试提出问题、思考问题、给出答案，使学生逐步养成科学的思维习惯，掌握简单的科学方法。

☞［案例3］

山东省济南市槐荫区科协组织科学DV活动，让中小学生用科学的"眼睛"欣赏科学

科学DV是利用DV摄影机记录科学探究过程、揭示科学道理的科学短片，让学生以镜头作为眼睛去了解科学的奥秘和科学研究的过程。济南市槐荫区科协积极响应中国科协青少年科技中心的要求，把组织学生开展科学DV活动作为青少年科技活动的重要内容。

槐荫区科协首先对活动的中小学科技辅导员和科学DV活动组织者进行培训。培训内容主要有：什么是青少年科学DV活动；科学DV活动的选题要求；科学探究方法；DV脚本创作、拍摄技巧、剪辑制作；以及青少年科学DV活动的组织实施、作品评价等。培训方式采取参与互动式，将辅导员分为若干小组合作探究，亲自体验科学DV过程，在培训完毕后每组完成一部科学DV作品，并一同观看点评。

在组织学生开展活动的阶段，辅导员集中对学生进行科学DV活动的选题要求、脚本创作、拍摄技巧、剪

辑制作等方面的培训；辅导员组织学生制定选题，选择活动方案。活动方式可以是自己动手做实验，也可以外出采访参观，进行野外观察记录等。

学生的作品制作完成后便可以参赛。比赛分为科学DV、科普动漫和科普摄影三大类。评委分别从题材内容、创意性、探索过程、画质、音效、情感性、综合评价等方面进行打分，最后评出最佳创意、最佳选题、最佳探究等特殊奖项以奖励在某些方面特别突出的作品。

槐荫区科协组织开展的科学DV活动受到中小学师生的普遍欢迎。通过科学DV活动的开展和普及，老师和学生的积极性被调动起来，他们都对这种崭新的科普活动充满兴趣。有的老师说："培训活泼不生硬，有互动，有交流，一点不觉得累，我喜欢！"有的老师说："开始只是感觉挺新颖，一旦深入到活动中，才深知它的魅力，心中充满成就感。"参赛学生说："通过亲自观察和制作，在看似不起眼的小事上学到了深奥的科学道理。"播放获奖作品是交流学习的好方法，获奖感言让老师、学生都激动万分，纷纷表示要将科学DV活动继续下去。

☞ ［案例4］

上海市长宁区科协实施"结对"工程，
为学生开启科学的大门

2008年5月，长宁区科协与长宁区教育局、中科院硅酸盐研究所和微系统研究所联手，启动"中科院长宁科学园未来科技之星——科技精英优秀学科带头人与青少年科技创新团队结对"工程，推出《长宁区青少年结对科技精英优秀学科带头人三年行动计划》(2008—2010)。让中科院长宁科学园海归人员、科技"百人计划"学科带头人领衔的科技精英通过定期指导青少年的研究发展，激发他们的科技创新理念，引导他们的科学思维。整个工程形成"走进科学殿堂，感悟科学精神"年度系列活动，每年让近百名学生走进中科院微系统研究所科研成果陈列室、信息功能材料实验室、微小卫星国家重点实验室，上海硅酸盐所的科研成果陈列室、高性能陶瓷和超微结构国家重点实验室、无机材料分析测试中心、特种无机涂层重点实验室等。

2008年10月，为了使学生在基础教育的后阶段亲身体验科学探究旅程，长宁区科协让专家走进课堂，通过一系列深入浅出的科普知识传播，开启学生好奇心。在专家的科普讲座中，学生们逐渐明白在自己身边有许多值得好奇一回的"小事",隐藏着科学的大道理。创新意识的萌芽在科学家们专业知识的浇灌下,成长为一个个研究课题。活动中,青年科技工作者、学科带头人、学校科技辅导教师和学生等近百人相聚在一起,对学生提出的近百项课题进行筛选和比较、结对与交流,共同确定可以着手研究的课题。同时,科学家们还帮助学生寻找到所需要的资料和文献,并提出一系列切实可行的思路与方法。

2009 年 7 月,经过专家与科技指导老师、学生的多次沟通与交流,"走进科学殿堂　体验科技创新"——中科院长宁科学园"未来科技之星"课题开题。来自延安中学、市三女中、娄山中学、复旦初中等 13 所学校的 39 名学生分别向 6 位科学家、博士递交了 24 项研究课题,内容涉及微系统结构、压电陶瓷材料、太阳能新能源以及生物新科技等多个领域。在专家的指导下,由学生提出命题,学生与科学家共同走过资料收集、课题研究、实验数据整理等一系列研究程序,在学生体验科学探究的过程中,中科院硅酸盐研究所、微系统研究所的国家重点实验室成为"未来科技之星"的孵化基地。课题开题与结对后,24 个学生课题组分别由中科院"百人计划"、海归人员等学科带头人以及青少年科学站和学校科技教师共同指导。历经半年多的时间,学生们完成课题的开题立项、资料收集、课题策划、实施研究、实验数据整理、撰写科学论文等一系列科学技术研究程序。在亲身体验科学探究的过程中，学生们体会到专家对科学研究的严谨作风和认真态度；科技教师在辅导学生的同时，也领略了最新科技前沿，学会使用先进的仪器设备。各学科科技教师还跳出本学科狭小视角，借科技专家的头脑丰富知识，实现多渠道、多层次的交流与学习。

2010年5月，活动中的24项课题，有12项课题参加了长宁区青少年科技创新大赛，其中有6项课题在上海市第25届青少年科技创新大赛中获奖。仙霞高中邹灵同学在三位专家老师的指导下，完成课题《压电陶瓷——将震动和噪声转换成电能》，以此荣获上海市第八届"明日科技之星"称号。

对于很多同学来说，这都是他们第一次接触课题研究，尝到了探索问题的艰辛和快乐，初步学会了提问题和怎样去寻找答案。在实验中，科学家教会了同学们在平时课堂中学不到的实际应用操作方面的知识与能力，并让同学们对科学精神有了进一步的理解：凡事多想一个为什么，要有坚持不懈、奋斗不止的精神。

长宁区科协、区教育局、中科院硅酸盐研究所和微系统研究所实施这一工程的目的，在于让更多的孩子参与其中，在学生时代种下一颗科学的种子，在专家和科技老师的指导下，把课堂上、生活中所学到的知识转变为自己的财富，在科学创造中亲身体验科技创新的酸甜苦辣，为今后取得更新、更精、更强的科技成果积累宝贵的经验。

☞［案例5］

上海市松江区科协举办"快乐星期二"，
让学生在快乐中接受科技教育

　　2008年，松江区科协联合区教育局，以提高青少年科普素养为主线，积极策划开展有新意、有专业特色、讲求实效的科普教育活动，其中一项重点工作就是：聚焦农村教育，促进均衡发展。为此，他们精心策划了"快乐星期二"——松江区学生素质教育系列活动，通过活动将松江区青少年活动中心的教育资源辐射到本区各所学校（包括农村学校和农民工子女学校）。本系列活动紧紧围绕素质教育和二期课改，同时根据德育"两纲教育"要求，把民族精神、民族文化、高雅艺术、科学素养、知识产权、生命教育、安全保护、文明礼仪等内容融入到活动中。力求通过活动，传承民族文化，弘扬民族精神，传播高雅艺术，培育科学精神，使校外教育更贴近学校、更贴近学生、更贴近实际。

　　从2008年4月15日起至今，松江区科协联合区教育局每周二下午到一所学校进行科普活动宣传。内容包括：①交通安全教育——通过讲解交通安全的标志和案例，使学生们在课后树立起"文明交通，从我做起，从现在做起"的意识，成为一名文明的交通参与者；②消防安全教育——请消防官兵讲授消防知识，配合消防知识讲座，进行消防知识图片展览，讲座结束后进行一次模拟火灾逃生的演练；③生态道德教育——通过讲解"食物链"、"生态平衡"的概念，分析野生动物濒危的主要根源，提高青少年的保护环境、保护野生动物的意识；④遥控车模比赛——遥控车模体验活动，使学生了解遥控车模的原理及无线电知识，增强学生动手、动脑实践能力和参与团队合作的意识；⑤数码摄影入门——通过授课基本掌握摄影技术，提高观察与摄取周围事物中美好和精彩瞬间的能力与技巧；⑥小小魔术师——让儿童通过观察、想象、变通等方法寻找魔术中的秘密，从而认识魔术背后的科学道理；⑦流动科技馆——通过科技互动小展品、平面展版、3D展版、播放科普短片等方式给青少年带去科学知识、实用技术和科学生活方法。

截止到2010年暑假，"快乐星期二"活动共送教下乡达34次（包含7所农民工同住子女学校），参与学生达2.75万人次。参加"快乐星期二"活动的学校在反馈表中写道："青少年活动中心组织有力，内容丰富，走近学生的内心需求，以满腔的热情为基层学校服务，受到了普遍欢迎。""总体评价相当好，寓教于乐，体现了快乐星期二的'快乐'宗旨。同时，农村学生对民乐欣赏、西洋乐欣赏尤其感兴趣。""遥控车模比赛使我们开心极了，希望这样的活动多多益善。""活动结束，孩子们都依依不舍，期待着区青少年活动中心、区科技馆能够经常送教下乡。"

可以看到，首先，"快乐星期二"是快乐为本的科技教育。通过快乐的参与体验，激发青少年对科技创新活动的兴趣，培养青少年的科学道德、创新精神和实践能力，提高青少年的科学素质等，注重实践和创新，注重兴趣和发展，注重思考和探究。其次，"快乐星期二"是资源联动的课外教育。活动不仅依托区青少年活动中心，将更多更好的教育资源辐射到全区，从2010年起，将功能提升后的区科技馆吸纳进来，科教联合，资源共享。不断创新各类活动方式，开展民乐欣赏、美术欣赏、交通安全教育、生态道德教育等活动，让高雅艺术、科学素养、生命安全等教育深入孩子们心中。最后，"快乐星期二"是独树一帜的品牌活动。在2008—2010年的两年多时间内，"快乐星期二"旨在激发青少年科学兴趣，拓展青少年科学视野，提高青少年科学素养，培养青少年独立思考能力、实际操作能力和团队合作精神，是科普教育主动衔接学校教育活动模式的新尝试，也成就了松江区青少年科技教育的新品牌。

二、培养农民科技致富能力

农业是国民经济的基础，是国家经济社会的重要组成部分。要建成小康社会，就必须扎实推进社会主义新农村建设，坚定不移地走中国特色的农业现代化道路，加快形成城乡经济社会发展一体化新格局。农业现代化主要依靠的是掌握现代农业科技的高素质农民。

一些地方的县级科协及基层科协在培养农民科技致富能力方面走出了许多新路子，如：对返乡农民工进行科技培训；通过培训农村经纪人，带动一方致富；搭建职业教育平台，让农民掌握就业新技能；围绕农业产业，开展致富技能培训等。

☞ [案例1]

安徽省颍上县科协注重乡镇返乡农民工科学素质培训

近年来，安徽省颍上县科协在对农民的培训中注重乡镇返乡农民工科学素质培训。县科协加强与全县25个返乡农民工培训成员单位联系，整合全社会培训资源，致力于培训手段的推陈出新，创新培训工作新形式，开通了阜阳市首家返乡农民工培训科技网站——颍上公众科技信息网（http://kx.ys.gov.cn），为400多个副高以上专业技术人才，1800多个农村科技致富带头人，106个专业技术协会，近40位颍上籍专家、院士、博士、硕士建立网上数据库，为颍上县全县广大返乡农民工提供了科学普及的平台、科技应用的平台、技术交流的平台。颍上县科协农函大和电信公司联合开通科普公益短信平台，向广大返乡农民工培训人员发放科普短信；和农委联合参与阳光工程建设，重点培训返乡农民工；与县劳动保障部门联系，根据县工业园区企业用工需求，由企业技术人员直接对返乡农民工进行培训，培训合格后，劳动保障部门颁发《劳动就业技术等级证书》，直接招工进厂工作；联合县妇联和团县委，对返乡妇女、青年开展实用技术培训，提高他们的劳动技能，增加更多就业渠道；和县行政服务中心联合，利用行政中心电子大屏幕把《全民科学素质行动计划纲要》、《科学发展观》和《农村实用技术》编写成短信的形式，在春节期间播放，收到了非常好的效果。

一年来，颍上县科协农函大联合开通了颍上电视二台（农业科技频道），播放实用技术专题片300小时。颍上邮政广场、县政府广场的高科技多媒体大屏幕用于科普宣传培训，在县一中、颍上县行政服务中心、邮政广场、管仲商贸城人员流动大的地方建立科普画廊数十米，用直观生动的方式帮助返乡农民工树立再就业的信心，在全社会营造"尊重劳动、尊重知识、尊重人才、尊重创造"的良好氛围；全面加强乡镇返乡农民工科学素质培训基础设施建设，配备电教设备，充实科普图书和科普光盘，迪沟镇建起全省乡镇最大的农民科技培训中心，六十铺镇建起的循环经济科普示范基地，为返乡农民工科学素质培训工作的顺利开展打下坚实的基础。

☞ ［案例 2］

广西壮族自治区永福县科协
采取七种培训模式，提升农民致富能力

永福县科协在开展各种形式的科技下乡和群众性、社会性、经常性科普活动中，采取了七种培训模式，提升农民致富能力。

一是以"流动党校"为抓手，"送课下乡"开展培训。永福县委县政府从县委党校、农业局、林业局、科技局、科协、司法局、渔牧兽医局等部门抽调骨干力量组成"流动党校"，分赴各乡镇巡回上课，讲解农业生产实用技术，给农业产业结构调整"开方"，为农作物生产"把脉"，把高质量的培训送到田间地头，及时为农村群众答疑解惑。

二是以"农家课堂"为主要阵地，利用"土专家"开展培训。"农家课堂"是根据农村党员群众的需要，广泛开展农村党员群众自主培训活动，让"土专家"、"田秀才"们对受训农村党员群众进行面对面、手把手的言传身教，传授一些行之有效的"奇招"、"秘方"。

三是以"科技特派员"为主要力量，利用基地示范带动培训。永福县委、政府每年从涉农部门抽调一定数量的技术人员，作为"科技特派员"常驻农业产业结构调整的重点村屯，开展科技培训，对农业生产实行跟踪服务。

四是以"远程教育"为新手段，推动村级经常化培训。利用农村党员干部现代化远程教育终端接收点（站），党员群众可在村委会随时点播自己需要的科技节目。

五是以"短信平台"为辅助渠道，开展空中培训。开通短信平台，由永福县委组织部牵头，组织县委党校、农业局、科技局、科协、渔牧兽医局、司法局的专家和技术人员编写信息，利用手机短信及时对农村党员群众进行党和国家的方针政策、法律知识、土地法规和实用技术等方面的培训。

六是以群众需求为目标，开展"菜单式"培训。由各村党组织、党员群众根据当地农业产业结构调整及自身经济发展的需要"点题"，有关部门组织专家、技术人员根据群众需求进行培训。

七是以"农广校"为人才高地，开展职业化培训。

☞［案例 3］

天津市津南区科协重视农村经纪人培训，努力提升农民科学素质

从 2004 年开始，天津市实施"351"农民素质培训工程，这是市委、市政府解决"三农"问题，提高农村劳动力素质，促进农村经济发展和农民增收致富的重要举措，农村经纪人培训是农民素质培训内容之一。从 2008 年开始，又开展了农民素质提升工程，这是"351"培训的延续和发展。一直以来，津南区科协承担着本区农村经纪人的培训任务。

在农村经纪人培训工作中，津南区科协在全市做到了三个领先，即：开班培训领先，完成任务领先，率先成立协会。

津南区区委、区政府每年对各镇进行年度百分考核，津南区科协把农村经纪人培训工作纳入到对各镇的年度考核之中，成立了津南区农村经纪人培训工作领导小组，下设办公室，各镇党委宣传委员（镇科协秘书长）为成员。

津南区科协考虑到将各镇学员集中到区培训中心学习路途较远这一实际情况，制定了"以镇办班、村村结合"的原则。根据承担的培训任务，制定培训计划，将培训指标进行分解，每年给各镇下达培训指标，责任到镇，责任到人。通过《津南报》刊登农村经纪人培训招生简章，在《每日新报》中夹带招生简章，在各镇悬挂宣传布标，在各镇、各居委会、各村张贴招生简章的各种方法，切实做到广播有声、电视有影、报上刊登，村村有广告，培训宣传不留死角。

津南区科协在培训中认真抓好培训的组织工作。其中重点做好培训课程安排、授课教师及培训时间、地点、人员等各环节的工作。抓好教学，保证质量。为了搞好首期班的培训，教学做到"三精"：①精选学员。"351"期间，津南区科协组织的首期班，是全市的实验班，采用集中授课，各镇主管培训的人员观摩。农民素质提升工程也举办了相应的首期班，这次培训班也是全市的示范班。②精选授课教师。聘请有丰富教学经验的区内资深教师和外聘专家、教授成立讲师团。开班前期，举办农村经纪人提升培训教学研讨会，就农村经纪人提升培训教学情况进行深入广泛交流，提出合理化的意见和建议。③精选课程。培训教材是专用教材，针对农民培训的特点，在教学中突出重点，内容实用性和针对性强。培训期间，组织大家到天津老板娘农副水产食品批发城参观学习，开阔眼界，学习先进的经营理念，搭建经营销售的平台。还组织大家参观津南区国家农业科技园区，了解津南区现代农业发展情况。同时参观津南区规划展，让大家了解津南未来的发展变化，结合津南实际，拓宽思路，超前谋划。这些内容实用，有针对性，很受学员欢迎。

津南区科协扎实做好每个学员培训资料的档案建立工作，培训场所配备了投影仪、计算机、传真机、照相机等设备，还为各镇配备了培训专用计算机，区、镇实现资料汇总微机化管理，以确保每期培训人员的相关资料齐全，数据真实准确。

津南区科协在培训工作中注重抓好"三个结合"：①把农村经纪人培训与贯彻《全民科学素质行动计划纲要》紧密结合。农村经纪人培训就是农民素质培训，津南区科协充分发挥区全民科学素质领导小组办公室的职能作用，努力做好提高农民素质工作，为津南区的经济和社会发展服务。②把农村经纪人培训与提高农村干部队伍的素质紧密结合。作为农村干部不仅要成为农村致富的带头人，发挥引领作用，更重要的是如何把握市场经济规律，搞好集体资产的经营活动，壮大集体经济，为广大农民谋福利。因此，在培训工作中，各村两委班子成员不仅组织好本村农民参加培训，而且积极带头参与到培训中来。全区有半数以上的村干部参加了农村经纪人培训，提高了村干部从事经营活动的能力。③把农村经纪人培训与扩大农村经营活动领域相结合。随着天津市城乡一体化建设及全区土地整合步伐的加快，突出丰富与农村经营活动领域相关知识的培训内容，以提高参训学员的知识层次和把握市场商机、拓展经营领域、规范经营活动、规避经营风险的能力，推动市场经营活动的发展。

通过农村经纪人培训，培养了一批懂经营、会管理的农村致富能人，也带动转变了农民的思想观念。农村经纪人加速了农副产品推向市场，促进了农业的发展，增加了农民的收入，为推动农村经济的发展做出了积极贡献。现在我国很多地区实行市场经营准入制度，津南区科协的学员到外省市做生意由于有农村经纪人专业证书受到了良好的接待。现在经营农副产品的人员，参加培训的积极性提高了，变被动为主动，真是培训促进了经营，经营也促进了培训工作。

☞［案例4］

山东省昌乐县科协搭建职业教育平台，塑造"城市新居民"

近年来，昌乐县科协在农民科学素质培训中意识到农业人口向非农业人口转化的趋势，提高农村富余劳动力向非农产业和城镇转移就业的能力，积极搭建职业教育平台，塑造"城市新居民"。

昌乐大力加强农民职业教育和职业培训，提高农民素质，培养农民在城市生活的技能和谋生本领，促进农村劳动力加快向非农产业和城镇转移，推进城市化进程。坚持以市场和就业需求为导向，开展农民工培训，调动社会各方面力量投资农民职业技能培训，逐步形成了政府统筹、行业组织、重点依托各类教育培训机构和用人单位开展培训的工作格局，让农民"脑袋"抬起来，农民"口袋"鼓起来。

☞［案例5］

宁夏回族自治区平罗县科协采取"三结合"培训，提升农民科学素质

近年来，为全面实施《科学素质纲要》，进一步提升农民科学素质，宁夏平罗县科协积极采取将科普培训和技能培训相结合、集中培训和上门培训相结合、现场培训和远程培训相结合的"三结合"方式，加大科普培训、宣传力度，并实行培训人员实名签到随访制度，充分利用文化、科技、卫生"三下乡"、移民素质提升工程等大型科普活动，积极开展农村实际实用的各类科技培训工作，全县农民科学素质有了进一步

的提高。

在活动开展过程中，为了使科普宣传工作不留死角，不留空白，平罗县科协始终坚持哪里有人群科普工作就做到哪里，并针对如何依靠科学技术提高农民增产增收等农业科技推广方面，特别邀请了自治区农业技术推广总站、宁夏职业技术教育学院的专家积极开展农业生产实用技术讲座。自2010年冬至2011年5月，共举办培训班25期，培训农民1.5万人，极大地提升了科普宣传覆盖率，全县科普宣传的覆盖率达到常驻人口的60%以上。

（摘编自宁夏大众科技网文章）

☞ [案例6]

辽宁省抚宁县科协开展"科技进百村"活动，帮助农民科技致富

2010年，抚宁县科协深化科普惠农工作，通过采取外引内联的方式，加强与天津农科院园艺工程研究所、青岛农业大学、河北昌黎果研所的联系，并发挥县内专家的作用，在全县范围内开展了"科技进百村"活动。一年来全县各级科协组织共举办实用技术培训班120场，培训农民12000人。同时，为优化品种，

增加农民收入，县科协带领部分村农林技术员到昌黎果研所学习了板栗栽培管理技术和高接换头新技术，参观了板栗丰产新品种。运用高接换头新技术对栗树进行嫁接改良后，平均每株可增产3.1斤（1斤=0.5千克），这项技术全县得到广泛推广应用。

2011年，抚宁县科协继续发挥科普资源、科普阵地优势，做好"科普惠农兴村"工作，全面推进"科技进百村"品牌工程，重点培养"土专家"、"田秀才"；继续开展免费发放全民科学素质行动培训教材活动，即县科协编印的《生猪养殖实用技术》、《板栗栽植实用技术》、《蔬菜种植实用技术》，为群众免费发放技术光盘；充分发挥大学生村官科普志愿者的作用，及时解决农民群众生产中遇到的技术问题；充分发挥科普基地、农技协的示范、辐射、带动作用，选树科普典型，加强对农技协、科普基地的指导，鼓励和支持他们开展科技示范、推广新技术、新品种。

（摘编自抚宁新闻网；原文作者张建伟）

☞［案例7］

云南省元谋县农函大围绕当地产业招生办学

元谋县农函大在农民的科学素质培训中，注重以推动农民科学致富为落脚点，围绕产业招生办学，以此来促进农民增产增收。

元谋县农函大在元谋县委、县政府的高度重视和省、州农函大的关心支持下，通过联合办学单位和全体办学、教学人员的辛勤努力，紧紧围绕县委、政府发展绿色产业和新农村建设的要求，以农村专业技术协会为载体，以为"三农"服务为办学宗旨，以"实际、实用、实效"为培训原则，按照农村群众的实际需要，合理设置专业，扩大招生规模，注重办学质量，努力创新农函大办学方法，做出了较好的成绩。通过农函大培训，广大农民群众科技素质得到较大提高，致富能力明显增强。2009 年全县农民人均纯收入 4333 元，连续 5 年排名全州第一。

农函大的主要做法是：

（1）专业围绕产业走，做到实际、实用、实效。元谋县自 1992 开展农函大办学以来，县农函大辅导站严格按照"实际、实用、实效"的办学原则，根据农村群众的实际需要，合理设置专业，扩大招生规模，注重办学质量。到 2009 年底，全县农函大培训累计结业学员 14065 人。元谋县辅导站连续 17 年获得省农函大授予办学"先进集体"称号。1992 年以来，开办了蔬菜、玉米、烤烟、薯类、林果、养殖、市场营销等专业，共 30 个单科。各专业的面授辅导时间不少于 80 学时。经考试考核，98% 的学员考核合格，取得结业证书。

（2）农函大办学与农村党员、干部"素质教育工程"紧密结合。18年来，农函大办学走与农村党员、干部"素质教育"工程培训相结合的路子，在14065人的结业学员中，有农村党员、干部6133人，占学员总数的43.6%。大多数党员和村干部通过刻苦学习和努力实践，均以获得了明显的经济效益。

（3）依托协会办学，有利于提高农函大办学质量。在农技协中开展农函大办学，一是学员以会员为主，相对集中，便于培训学习，有利于提高农函大办学质量；二是协会有办学条件，有利于办学资源整合；三是专业对学员的针对性强，做到"学用结合，学以致用"。如2005年，羊街镇烤烟协会会员李忠荣参加农函大烤烟专业培训学习后，带头种植烤烟4亩，通过认真管理，实现经济收入1.2万元；元谋县无公害名优菜果产业技术开发协会会员张绍举，参加农函大蔬菜专业培训学习以后，带头发展蔬菜大棚，种植新品种黄瓜2亩，他把农函大学到的技术运用到实际，黄瓜不但产量高，而且品质好，当年2亩黄瓜收入达2.4万元。协会会员应用农业新技术获得增产增收的示范作用，让当地群众学有样子，干有路子。

（4）走联合办学之路，创农函大新亮点。农函大辅导站在协会中开展办学，有三个亮点：一是"联合办学"解决了办学经费不足的问题；二是与农技协联合办学，不仅解决了学用结合的问题，还提高了农民的组织化程度，更重要的是推动了农业产业化的发展，增加了农民的收入；三是通过与协会（企业）联合办学，促进了无公害、绿色农产品生产技术的推广应用和农产品质量的提高。目前，元谋县已有27个蔬菜和水果产品分别获得"无公害产品"的质量论证；有18个蔬菜和水果产品获得"绿色农产品"质量论证。农函大培训为农民增产创收做出新亮点。

（5）在农函大结业学员中进行农民技术职称评晋，促进了农函大办学工作的开展。农函大辅导站积极向州县评委推荐申报历届农函大结业的优秀学员参加农民技术职称评晋。首先由各办学点向县辅导站推荐，辅导站对申报对象进行全面审核后，再推荐给州县评委给予评定。1995年以来，在农函大学员中共评晋农民技术职称3973人，其中高级技师6人，技师86人，助理技师269人，技术员3612人。通过农民技术职称评晋，进一步促进了元谋县农函大招生办学工作的顺利开展。

三、提升城镇劳动人口科学素质

随着我国城镇化进程的推进，城镇人口占人口的比重越来越大。大量农村富余劳动力进入城镇，并成为第二、第三产业的劳动者。国家经济社会的发展要求转变经济增长方式、加快产业结构调整、走新型工业化和中国特色自主创新道路，这些都对城镇劳动者的素质提出了更高的要求。《科学素质纲要》将城镇劳动人口列为重点人群，就是要使城镇劳动人口通过学习科学知识、参加科普活动等不断提升科学素质，以满足上述要求。

一些地方的县级科协及基层科协结合本地实际情况，采取了多种方式和手段，对城镇劳动人口进行科普宣传、职业技能培训，倡导健康文明生活方式，为提升城镇人口科学素质做出许多有益的尝试，受到群众的欢迎。

☞ [案例1]

上海市奉贤区科协以科普讲座为载体，提高社区居民科学素质

奉贤区科协通过建立科普传播网络体系，深入各个居委会、村委会开展科普志愿者培训，举办农业实用技术和养身保健科普讲座，向社区居民和村民赠送科普书籍和其他宣传资料。通过区电视台定期播放《科普大篷车》系列专题片，使社区居民了解科学知

识、掌握基本科学方法，树立科学思想，崇尚科学精神。

奉贤区科协以家庭教育为切入口，增强现代家庭科学生活理念。科普进家庭活动主要联合区妇联，结合科学育儿宣传和0～3岁婴幼儿早期教育，对全区家长进行定期指导和专题培训。通过区广播电台定期向家长宣传科学家教知识，提高每户家庭的育儿知识和科学素质。通过发放《百万家庭学礼仪》宣传手册，使广大市民了解仪表、社交、职场、校园和公共场所等礼仪知识。

☞［案例2］

陕西省西安市未央区科协率先建立社区科普大学，有效提高当地居民科学素质水平

2007年9月，未央区成立了西安市首家社区科普大学。社区科普大学以传播科学知识、树立科学生活理念为宗旨，开设家庭护理、老年保健、自我保健、饮食疗法、保健知识等五门课程，每学期8次、每月2次课，学制一年，全部实行免费，由市科协免费提供教材，社区提供场地。居民学完所有课程结业后，还将获得结业证书。之后，西安市又相继建成市级社区科普

大学 5 所。

社区科普大学成为提高社区居民素质的一种有效形式，在未央区受到诸多社区居民的欢迎。2012 年 11 月，未央区科协为联合、二府庄、太华路三所社区的社区科普大学配备了笔记本电脑、打印机、数码相机等现代化科普教学设备，充实了社区科普基础资源，提高了社区开展科普宣传教育的能力，为科普大学开展现代化教学提供了条件。目前，未央区 8 所社区科普大学已经全部实现了多媒体教学。

☞ ［案例 3］

新疆维吾尔自治区拜城县科协通过开展社区科普工作，提升居民科学素质

近年来，拜城县科协将社区科普工作作为一项重要工作去抓，成立了以社区书记为组长的社区科普工作领导小组，全面组织社区科普活动，并下设办公室，做到专人负责、责任落实、活动经常、形式多样，并制定了社区科普工作制度。聘请法律、卫生、医疗、教育、科技人员担任社区科普宣讲老师和顾问，并根据不同层次、不同区域、不同人群的特点，吸收具有一定特长和专业的党、团员组成一支热爱公益事业，志愿

为社区科普工作做贡献的科普志愿者队伍，为增强社区干部和志愿者队伍的科教宣传能力，不定期地组织工作人员进行科教培训，逐渐形成了比较健全的科普文明社区工作机制。

拜城县科协在社区中开展了形式多样的科普活动。例如，县科协结合居民的生活需求，定期聘请各类有经验的专家学者和医务人员到社区，为居民群众进行健康知识、生殖保健、权益保障、安全防范、环境保护、警示宣传、破除迷信、家电使用常识等方面的知识讲座，同时还充分利用各种纪念日，开展各类健康知识咨询、放映科普电教片、发放科普知识资料等活动。县科协充分利用社区资源，开展免费借读和文化技术培训及"科普示范家庭"评选活动。在一些社区成立居民学校，设科普图书室，提供各类科学教育材料，为社区居民订阅各种报刊、杂志等科普读物，免费供社区民众阅读、查阅，在一定程度上满足了社区居民群众对科学文化知识的需求。利用劳动保障平台，在社区广泛开展了人才技能科技培训。免费为大中专毕业生和下岗失业人员开展计算机技能、汽车驾驶、裁缝、烹饪、电焊等技能培训，使他们有一技之长，更快的实现就业再就业。2008—2010 年，社区开展各类技能培训 24 期，培训人员 1500 余人次。为活跃科普氛围，在社区开展评选"科普示范家庭"活动。

☞ ［案例 4］

内蒙古自治区扎鲁特旗科协"三抓三创三进"打造科普文明社区，提高市民科学素质

近年来，扎鲁特旗科协针对城乡结合区域特点，以提高市民科学素质为目的，着力打造成科普文明社区，在基础建设上强化"三抓"，在活动载体上突出"三创"，在科普惠民上注重"三进"，开展了形式多样内容丰富的科普活动，取得了良好效果。

强化"三抓"促创建。一抓阵地建设。一是以现有的社区办公场所为主，建立科普大学、科普长廊；二是以小区、楼宇为辅，建立科普室、图书角；三是在社区网站开辟科普专栏。二抓组织建设。建立了"科普基地＋小区支委会＋居民＋物业管委会"创建链条，为在社区开展科普示范创建活动提供了组织保障。建立了科普宣传员、科普家庭、科普志愿者等多位一体的科普宣传队伍。现有 200 多人常年活跃在社区群众中，对健全社区科普工作体系起到了重要的作用。三抓机制建设。整合社区资源优势，制定了创建科普示范社区三年规划、年度活动计划，建立健全了章程和各项工作制度，实现了科普组织建设的科学化和规范化。

突出"三创"求实效。一创科普楼宇。以社区楼

宇党支部为创建中心，组织开展楼宇科普讲座、知识竞赛和科普文艺演出等科普活动，着力打造有影响力和知名度的科普型社区。通过在楼群安装科普角，沿街摆放科普展板等形式，介绍节能减排、生态环保、卫生健康等科普知识。二创建科普家庭。科协党支部和社区党组织创建科普中心户和党员户，组建科普家庭志愿队伍，经常上户宣传科普知识，通过创建"科普文明家庭"，树立典型，达到扶正祛邪，抑恶扬善，引导、教育大家追求积极、健康、向上的生活方式的目的。三创科普小区。旗科协引导社区走"支部进小区、科普进小区、文化进小区"创建模式，建立小区科普文化活动室、小区文化读书室、小区科普文化长廊等文化宣传阵地。利用科普橱窗和科普画廊等固定科普设施在富贵小区、警苑小区等小区举办科普展览，围绕科学防治流感、禽流感防病疫病、科学发展观、构建节约型社会等主题内容进行展览，使小区居民逐步形成科学、文明、健康的生活方式和工作方式。

注重"三进"为惠民。一进，科技进社区。以开展全国科普日、科技周和科普之春（夏、秋、冬）等品牌科普活动为契机，动员各相关单位参加社区科技的宣传。以志愿者为主体，宣讲有关计生、就医、低保、交通法规、消防安全、防灾减灾等知识。二进，文化进社区。结合创建学习型社区党组织活动，以社区文化广场、小区文化园地为平台，举办丰富多彩的文艺演出，把节约资源、保护生态、改善环境的一些文化知识编成社区顺口溜、相声、小品等"文化套餐"，配送给社区居民"品尝"。开展社区秧歌赛、象棋擂台赛、体操赛。这些活动的开展，丰富了社区文化生活，营造了居民学科学、用科学的氛围。三进，卫生进社区。每周坚持用板报专栏宣传卫生健康等知识，组织居民进行健康知识答题、组织育龄妇女体检，发放计生宣传材料，开办社区老年医疗保健培训班等，实行定时、定点、定位开展社区卫生咨询、治疗、预防宣传等活动。在社区组建"流动党员医疗服务队"，帮助社区百名困残老人解决就医难的问题。

☞［案例 5］

江苏省洪泽县科协通过开展职业培训，提高城镇人口科学素质

近年来，为贯彻落实《科学素质纲要》，按照"政府推动、全民参与、提升素质、促进和谐"的总体要求，全力推进全民科学素质工作，洪泽县科协与农干校等部门联合组织开展经常性、社会性和群众性科普活动，特别是在提高城镇人口科学素质上收到了明显的成效。

抓好"订单"培训。洪泽县成立经济开发区劳动

保障工作服务小组，定期深入企业做好企业用工信息采集和城镇劳动力求职信息的对接，根据企业用工需求和求职者的就业意愿，开展有针对性的技能培训、岗前培训和引导性培训。2009年全县组织城乡新成长劳动力培训4050人，高技能人才培训360人，职业技能鉴定2610人，颁发职业资格证书2270人。

开展创业培训。按照"五个统一"标准开展"专业基地培训、创业专家团培训、创业成功人士培训、创业者协会培训、创业模拟公司培训"。2009年开展"SYB"创业培训27期，培训学员1792人，通过创业培训和小额担保贷款等扶持措施，帮扶430人成功创业，带动2000多人实现就业。2006年以来，全县共开展创业培训1.3万人，城乡新增劳动力培训2.4万人，农村劳动力培训9.3万人。

强化培训基地建设。2006年，全县筹集资金扩建占地36亩的洪泽县技工学校，2007年初通过省级重点技校验收，目前现有在校学生2411人。

（摘编自江苏公众科技网文章；原稿作者洪泽县科协陈明星）

☞ [案例 6]

浙江省玉环县科协多措并举，
提高市民科学素质

2012年，为推进实施《科学素质纲要》，玉环县科协开展多样科普活动，提高市民科学素质。

一是开展广场科普活动。联合玉环县玉城街道、玉环县食品药品监督管理局、玉环县卫生局、玉环县反邪教协会等9个单位在玉环县玉城街道移动公司前开展全国科普日活动。围绕"科学饮食 健康生活"主题，设置科普知识展板、播放科普知识宣传视频，宣传科学知识，提供免费量血压服务，接受市民咨询并发放科普图书和相关资料3000多份。

二是举办玉环县青少年科普征文大赛。联合玉环县教育局举办玉环县青少年科普征文大赛。以"大海的呼唤"为主题，收到来自玉环县各校的86篇投稿。由专家组按小学、初中、高中三个组分别评选出一、二、三等奖共53名，并选送40篇优秀作品参加台州市青少年科普征文大赛。

三是开展"科普进海岛"活动。走进玉环县鸡山乡，围绕"中医养生"，针对海岛居民特性，邀请玉环县卫生局副主任中医师黄克伟作《海岛群众常用补益方药八珍汤》讲座。结合图片，介绍常用中草药知识，

普及药物安全知识。提供义诊服务，接受岛民免费就诊咨询。

四是举办科普大讲堂。邀请中国科协专家作《提高公民科学素质和企业技术创新能力》专题讲座，讲解公民科学素质的高低和提高企业技术创新能力之间的关联。充分利用社会各界的科普资源，为广大科技工作者搭建一个经常化、社会化的科学知识普及平台。

五是开展"大篷车进校园"活动。发挥科普大篷车"流动科技馆"的作用，开进玉环县城关中心小学，设置科普知识有奖问答环节，提供丰富奖品，调动学生科普知识学习热情，寓学于乐。

（摘编自台州大众科技网文章；原稿来自玉环县科协胡安娜）

四、提高领导干部和公务员科学素质

科学素质是领导干部和公务员素质的重要组成部分。提高科学素质，对于各级领导干部和广大公务员树立和落实科学发展观，增强科学行政、驾驭经济、处理复杂矛盾和问题的能力，并带动全民科学素质的提升，都具有十分重要的意义。

各地县级科协及基层科协坚持结合县情、乡情的实际，结合领导干部和公务员队伍能力素质实际，以开展读书活动、办班培训、实地调研等学习形式为载体，以学习贯彻科学发展观、提高驾驭市场经济能力、了解最新科技知识、增强科学决策和科学管理能力为重点，注重针对性和实效，认真实施领导干部和公务员科学素质工程，不断提高领导干部和公务员的科学素质。

☞ [案例1]

河北省肃宁县科协推行"三学一考"干部培训模式

近年来，肃宁县科协认真组织实施《科学素质纲要》，围绕公务员科学素质建设的目标和县委、县政府提出的"实施二次创业、实现二步腾飞"奋斗目标，大力加强干部队伍建设，以干部培训工作为切入点，探索推行"三学一考"（必学、选学、自学，考评）干部培训模式，多层次、多渠道、多形式地抓好大规模培训干部工作，使全县广大干部提高了科学素质，增强了引领现代化建设的本领，促进了全县经济社会又好又快发展。

县科协协调组织县委党校、技校、电力局、商务局、发改局等16个单位为干训领导小组成员单位，形成科协、组织部牵头多部门齐抓共管格局，并制定和印发了《肃宁县干部教育培训三年规划》、《干部教育培训考核管理办法》、《干部培训实施方案》。

"三学一考"干部培训模式的具体内容是：①必学，就是县委每年统一组织集训，受训干部必须参加。同时，精选培训内容，精选培训教师，确保参训率。为有效解决工学矛盾，确保干部的参训率，科级干部培训班采取大规模、多批次的方式运作，固定在每月双周的周五举办，以利于各单位提前安排工作。②选学，就是对口选择县内培训机构的课程进行学习。肃宁县科协充分挖掘现有培训资源，在加强县委党校教育培训主阵地建设的同时，进一步发挥县电力局、县技校等有关培训机构的作用，并由他们承担专业类知识的培训。干部可根据自身工作特点对口选学。③自学，就是由单位统一组织或个人根据工作需要自行开展学习。作为必学、选学的有益补充，县委组织部要求各单位按照"缺什么，补什么，用什么，学什么"的原则，每年列出专项预算资金，做好培训计划，根据自身特点和工作需要，开展好多种形式的内部培训。④考评，就是由县委组织部年终对单位组训和干部参训情况进行考核评档，落实奖惩。结合学分制，对县直各单位、各乡镇和股级以上干部进行考评，并与评优提拔相挂钩。

通过推行"三学一考"干部培训模式，干部教育培训效果明显。全县公务员素质普遍提高，服务中心工作的意识明显增强；广大干部驾驭市场经济的能力得到提升，业务素质显著提高；激发了广大干部的学习热情，在全社会营造了浓厚的学习氛围；有效提高了干部的综合素质，为实施"二次创业"提供了坚实的人才保证。

☞［案例2］

山东省昌乐县科协培训干部走"高端路线"

昌乐县科协在干部科学素质培训方面，创新干部培训形式，走"高端路线"。县科协充分利用优质资源、高端师资、精品课程，"大规模、全覆盖"对各级领导干部进行长期性、系统化培训，大力提高干部科学素质，力求建设一支政治过硬、业务精通、高效廉洁、科学素质强的干部队伍，为县域经济社会事业发展奠定坚实基础。

举办政府创新管理高级研修班，整体提升干部素质。自2007年3月开始，按照"高境界谋划、高水平组织、高效益追求"的要求，创新培训模式，坚持"邀请一流的教授，开展一流的培训，培养一流的干部"理念，县科协与北京大学联合举办了政府创新管理高级研修班，采取"每月一讲"的形式，每月利用两个休息日，在县委党校举办一个专题，对全县党政群机关、企事业单位和骨干企业的领导干部进行系统培训，探索形成了"县内、县外培训资源互补，全覆盖、高质量共求"的县域干部教育培训新模式。根据昌乐经济社会发展与干部队伍建设现状，研修班确定了宏观经济形势、投资融资政策、领导魅力塑造、人文艺术修养等"六大学习板块"、38 个培训专题。到目前，已先后邀请了北京大学、清华大学、中国人民大学的专家教授，举办了地方经济发展战略规划、城镇化与社区建设、企业融资与资本运营、领导干部执行力提升等专题讲座，累计培训干部 7000 多人次。研修班综合运用讲授式、案例式、研究式、互动式、合作研究等多种方法，逐步形成了一整套以能力培养为核心、教学双向交流为特征的方法体系。研修班学员共提交论文、体会文章 5600 多篇，其中公开发表 60 多篇。中央、省、市多家媒体报道称，昌乐把"北大"搬到了"家门口"。

举办北大项目管理硕士学位班，造就高层次管理人才。昌乐县与北京大学签订合作培养协议，委托北京大学用五年时间，为昌乐县培养一批项目管理工程硕士，根据实际需要和教学计划安排，实行在北京大学校区上课、远程教学、在昌乐面授三种方式学习。到 2010 年，第一阶段学习期满，58 名学员修读了 10 个学分的学位课程，顺利转入了第二阶段学习。学位班积极采取"走出去"的培训方式，多次大规模的外出学习考察，足迹遍及苏南、浙东、胶东等60多个县市区，促进了思想解放和观念更新。

举办"县域经济社会发展高层论坛"，全面提升干部能力。为推动昌乐跨越式科学发展，昌乐县积极与北京大学合作，邀请了清华大学、北京大学、中国人民大学、中国传媒大学等国内一流大学的专家教授，分别从新农村建设的政策研究、现代服务业与县域经济发展、地方经济发展战略规划、城镇化与社区建设、企业融资与资本运营、企业战略管理与核心竞争力提升、政府危机管理、领导干部执行力、人力资源开发与管理、商（公）务礼仪等专题讲座，先后举办了"中国蓝宝石发展高层论坛"、"中国特产之乡高峰论坛"和"城市建设与发展高峰论坛"，培训干部6600人次。论坛聚高端之智，集专家之策，进一步提升干部能力，推动全县经济社会跨越式科学发展。

☞［案例3］

陕西省眉县科协多措并举，抓好领导干部和公务员科学素质工作

眉县领导干部和公务员科学素质工作，按照《实施方案》的要求，由县委组织部和县人劳局牵头，县

委宣传部、县科技局、卫生局、商贸局、乡企局、妇联、科协及团县委配合，共同开展。

在这项工作中，以培训需求为导向，以质量效益为目标，以加强科学发展和提高执政能力为重点，全面优化教育培训的内容。一是强化师资，精心选题。建立了培训课题申报审定制度，设立党校优质教学师资库，结合理论新成果和业务岗位特点，精心设置授课内容，积极撰写一些符合眉县县情特点的学习教材和理论文章。二是整合资源，强化培训。注意发挥党员干部远程教育站点的作用，精心制作《科学养殖奶牛》、《科学发展观专题讲座》、《党的十七届三中全会精神》等电教光碟 78 张，开展培训。三是结合实例开展培训。重点收集和整理生产建设和社会生活中的典型案例，编写《葡萄书记：刘满存》、《播撒金果的人：白智勇》、《咱百姓的樱桃王：张晓文》等 12 个案例，增强培训工作的针对性和实效性。

两年多来，眉县共举办各类培训班 200 期以上，培训党政领导干部 2600 多人次，公务员 5000 多人次，培训专业技术人才 2400 人次，培训企业经营管理人才 400 多人次，培训农村实用人才 6000 多人次。领导干部和公务员科学素质上升到了一个新水平。

眉县领导干部和公务员科学素质工作，有以下特点：①培训对象有主有次，兼顾各方面。不仅仅局限于领导干部和公务员，兼及后备干部、企业经营管理人才、农村实用人才，贴合实际。②培训手段灵活"多"样。根据实际需要，采取教育形式，举办报告会、研讨会、大讲堂与专题论坛、集中辅导相结合式；"走出去、请进来"与深入实地参观考察、挂职锻炼等形式相结合。③培训内容上求"新"，按需施教。变以"我"为主为"以学员为主"，提出相应培训项目；变以传授理论知识为主为以提高业务知识和综合能力以及创新能力为主。④整合现有资源，增强教育效果。在县职教中心、农广校等单位建立农村干部教育培训基地，扩大基层干部培训面。发挥中央党校、农村党员现代远程电教网络作用，搭建科普新平台。

☞ ［案例4］

陕西省旬邑县科协让领导干部在实践中学习科学知识

有了理论知识的积累还需要反复实践，才能更好地运用科学知识。旬邑县科协让领导干部在实践中学习科学知识，强化干部科学素质，提升干部执政能力。

旬邑县科协的"沉下去"实践促学，坚持把实践锻炼作为提高干部科学素质培训质量的重要措施，注重组织干部在基层一线开展调研，在工作实践中提高分析问题和解决问题的能力。坚持开展"县情民情调研一日行"活动，大力推行以学员为主体的研究式、案例式、互动式教学，组织学员开展实地调研，引导学员针对具体问题，提出对策性意见建议，使教学和实践有机结合起来，增强了干部科学素质教育培训的实际效果。同时，利用农村党员干部现代远程教育终端站点，按照建设社会主义新农村的目标和要求，着重围绕农村经济发展、乡村规划建设、生态环境保护、农村社会保障和公共服务体系建设、基层民主和精神文明建设、和谐社会建设等方面的知识与技术开展培训，加强了对农村基层干部的科技知识教育培训，全面提升农村基层干部的科学素养和实际本领。

五、抓好对特殊人群的培训

公民科学素质建设是面向社会全部人群的。除了未成年人、农民、城镇劳动人口、领导干部和公务员四类重点人群外，还有一些特殊人群也需要不断提高科学素质。一些地方的县级科协及基层科协针对所在地区的实际情况，关注驻地部队官兵、残疾人、妇女、失地农民以及科技辅导员等特殊人群的需要，把科普宣传与科技培训送到他们当中。

☞ [案例1]

福建省泉州市鲤城区科协
送科普科技到军营

2002年来，鲤城区科协充分利用人才、智力、资源优势，大力开展送科技到军营活动。2002年，组建了福建省第一所省函大驻鲤部队分校；邀请专家为部队官兵作高科技讲座和科普报告27场次，听众达3000余人；培训各类军地两用人才600余名；赠送科普书籍、影视、宣传资料6000余册（套）；2010年8月，鲤城区科协被泉州市委、市政府授予"爱国拥军模范单位"。

鲤城区科协把科技拥军工作列入每年年度工作计划，以送"新技术、新知识、新智能"为主要内容，配合部队的科学文化教育，着眼于提高官兵的科技素质。区科协组织全区所属各学会、各街道科协、企业科协和学校科协形成合力，发挥各自优势，主动和驻地部队联系，采取常年定点结对和在全国科普日及重大节日组织大型活动相结合的方式，使科技拥军工作步入制度化、经常化轨道。

鲤城区科协积极营造"科技拥军"氛围。在开展科普工作中，注重弘扬爱国主义精神，增强广大群众国防观念和爱国拥军的自觉性。2007—2010年，鲤城区科协共组织开展宣传教育 20 余次，充分利用广播、电视进行专题宣传，发放各种宣传资料近万份，设置固定标语 10 条，专用科普画廊 3 处，及时准确地将双拥各项政策公之于众。召开各种会议 10 多次，邀请区武警中队等现役军人参加保家卫国交心谈心活动，与区科协干部进行联欢；邀请区关工委的老同志和退伍军人为学生讲述为祖国、为革命而英勇斗争的事迹。帮助退伍军人参加就业技术培训。开展这些工作，极大地调动了适龄青年踊跃应征入伍的热情，区科协"科技拥军"工作呈现出全民热情参与的局面。

鲤城区科协的科技拥军活动形式多样。一是联合驻鲤部队开展科技活动周；二是邀请部队官兵参观青少年科技活动中心、科普绘画展、科普教育基地、科研院所、现代化高科技企业等；三是为驻鲤部队建设科普画廊，每月赠送科普挂图；四是通过授课讲座方式传授科技知识、经济管理知识、社会发展知识以及法律法规；五是开展电脑、家电修理等军地两用人才的培训工作；六是投入专项科普资金用于开展各项活动。

☞ [案例 2]

安徽省凤台县科协开展科普助残暨"千元就业工程"技能培训

从 2007 年起，凤台县科协在实施科学素质行动计划过程中，除了面向重点人群开展科普宣传和技术培训外，还特别关注作为社会弱势群体的残疾人。县科协与县残联联手，连续四年在全县开展科普助残暨"千元就业工程"技能培训，累计办班12期，培训残疾人1600人次。科普助残暨"千元就业工程"，将残疾人关心的康复知识、就业信息、实用技能列为重点内容，深受残疾人的欢迎。现在，有不少经过培训的残疾人掌握了一定的技能，找到满意的职业，改善了家庭生活状况。其中还有10名残疾人成为致富能手，如肢残青年孙方彦承包土地200亩，成为当地有名的种粮大户。

☞ ［案例3］

安徽省肥东县科协以培训为主线，多种形式做好妇女工作

多年来，肥东县科协在开展各项活动中，注重关注妇女的实际需求和科学素质的提高。

2007—2010年，肥东县科协先后举办了女性创业、家政服务、缝纫技术、微机操作等各类实用技术培训班80多场次，培训就业创业女性6000余人。开展"春风送岗位"行动4次，举办女性创业就业推介会、

妇女专场招聘会4次，先后组织美菱集团等数十家企业提供女性就业岗位4000多个。不断深化"巾帼建功"活动，提升女职工岗位建功能力，如2008年、2009年连续两年举办护理技能大赛。充分利用"三八维权月"、"三下乡"、"12·4法制宣传日"等活动，大力宣传《中华人民共和国妇女权益保障法》等法律法规，共组织各类法制宣传活动96次，印发宣传资料10万多份。举办外出务工妇女法律知识培训，让法律知识走进家庭、学校、工厂、机关，引导广大妇女学法、守法、用法。广泛开展文明生态家庭创建和特色家庭评选活动，2007年以来全县共表彰"平安家庭"、"五好文明家庭"、"学习型家庭"、"廉洁家庭"、"美在农家"示范户等各类先进家庭1.4万户。肥东县科协的这些工作，受到广大妇女的真心欢迎，赢得赞誉。

☞ [案例4]

安徽省怀远县科协通过妇女科学素质培训，提高干部中的妇女比例

通过对妇女的科学素质培训来提高干部中的妇女比例，是怀远县科协的一个明智举措。2005年秋，为切实提升全县村党支部和村委会成员的政治素质和科学素质，为社会主义新农村建设提供强有力的人才支

撑，由怀远县委组织部、县科协牵头，在中国农函大总校和省农函校的大力支持下，首次开办了怀远县2005级村干部中专学历教育函授班，设畜禽养殖、市场营销、果树蔬菜种植三个专业。经过两年的精心教学，圆满完成各项教学任务，380名学员全部完成学业。中专班极大地改善了村干部的知识结构，增强了他们带领群众致富的本领，受到县委、县政府的认可和广大村干部的一致好评。2007年，中专班再次开办，招收学员336人，针对培养妇女干部的需要，专门开设了女子班，进一步增强了村干部教育培训的针对性，为提高干部队伍中女性所占比例打下基础。2009年，中专班又招学员372名，其中妇女干部仍占到相当比例。

☞［案例5］

新疆维吾尔自治区克拉玛依市克拉玛依区科协重视对科技辅导员、科普专职干部科学素质的培训

2007年以来，为了更好地开展青少年科普活动，克拉玛依区科协高度重视科技辅导员、科普专职干部科学素质的提高。区科协逐年加大经费的投入，先后邀请了全国著名的青少年工作专家、中国教育学会罗凡华教授、北京西城区著名的青少年科技辅导员周又

红老师、国际数棋专家张磊老师等为克拉玛依区的科技辅导员、科普专职干部以及部分青少年进行了"轻松发明"、科技创新思维和创新能力以及国际数棋等系列培训活动。这些培训活动不但增长了科技辅导员、科普专职干部开阔了视野，丰富了科技知识，为他们辅导青少年和社区群众开展科普活动奠定了良好的基础。

☞ [案例6]

广西壮族自治区临桂县科协对失地农民进行就业技术培训，为临桂新区建设做出贡献

近年来，临桂县积极响应广西壮族自治区党委、政府"保护漓江，发展临桂，再造一个新桂林"的号召，举全县之力服务临桂新区建设，一大批项目落户临桂新区。临桂新区建设需要占用土地，有7个自然村15000多亩土地被建设征用，3600多农业劳动力要转移。针对这一特殊情况，为提高失地农民的再就业劳动技能和科学素质，临桂县科协会同当地劳动管理部门组织有关企业用人单位和职业技术学校开设专门的培训班，对失地农民进行职业技能培训。培训班主要开设新区建设和入区企业需要的实用技能课程，

2008—2010 年共开班 19 期，累计培训 1920 人次。经过培训的这些失地农民很快成为临桂新区的建设者，为构建和谐新区做出了贡献。

第二章

运用多种方式开展科普宣传

　　近年来，由于党和政府的高度重视，科学普及逐渐深入人心，受到社会方方面面的欢迎。但是，我们必须清醒地看到，在一些地方，迷信愚昧思想还有着深厚的土壤，科学知识、科学思想、科学精神和科学方法在全民中的普及教育还远远不够，科普宣传在内容、形式和效果等方面也存在着一些不适应的地方。开展科普宣传工作，提高人们科学文化素质，仍然是一个长期任务。

　　加强科普宣传是实施科教兴国和可持续发展战略的需要。普及科学技术，全面提高人民群众的科学素质，是事关国家富强和民族振兴的百年大计。只有通过强有力的宣传，才能迅速传递科技信息，使人们及时了解党和国家发展科技事业的方针政策和各种科学道理，加快科技普及步伐；才能发挥社会宣传的优势，扩大科普的社会覆盖面，推动科普工作走向深入；才能扩大科学技术的影响，增强人们的科学意识，在全社会形成"学科学、用科学、爱科学、讲科学"的良好风尚和舆论环境。

加强科普宣传也是加强和改进思想政治工作的需要。在科学技术高度发达的今天，知识对人们思想道德观念的影响越来越大，同时，科学与迷信、知识与愚昧的斗争并未停止。要大力加强科普宣传工作，用科学思想和科学精神武装、教育人民群众，引导人民群众形成与科技发展相适应的思维方式和价值观念，树立科学的世界观、人生观、价值观，为改革开放和现代化建设提供思想保证。加强科普宣传还是建设高度社会主义精神文明的需要。贫穷不是社会主义，愚昧更不是社会主义。加强科普宣传，有利于全面培育"四有"新人，形成科学、文明、健康的生活方式，提高城乡文明程度。

科普宣传要做得春风化雨、润物滋养，离不开人民群众喜闻乐见、生动活泼的媒体形式，还必须有形式多样的接近人民群众的宣传阵地。许多地方的县级科协在开展科普宣传工作中，既坚持不懈、充分有效地利用传统媒体和宣传阵地，又开拓思路、大胆创新，运用新媒体和开辟新的宣传阵地，深入基层，深入群众，把科普宣传做得特色鲜明、吸引群众、效果显著，创造了许多好做法、好经验。

一、传统便利的平面媒体贴近群众

媒体，也称传媒或媒介，是指传播信息资讯的载体，即信息传播过程中从传播者到接受者之间携带和传递信息的一切形式的物质工具。媒体一般可分为：纸介质类（报纸、杂志、图书以及挂图等）、有声类（电话、电台广播）、视频类（电视、电影）和网络类（电脑视频）。

挂图、报纸、期刊、图书等平面媒体是传统便利的宣传手段，通过文字、图片、符号等记载内容，既方便阅读，又成本低廉，也适应人们传统的阅读习惯。如科普挂图图文并茂、内容简洁、注重实用、方便张贴，是社区、乡村群众喜闻乐见的媒体；报纸、杂志出版周期短、刊载内容灵活多样，适合人们选择性阅读。图书内容相对丰富，开本装帧多样，可以长期保存。一些地方的县级科协重视这些传统媒体的宣传作用，充分利用它们进行了很好的科普宣传，受到群众的普遍欢迎。

☞［案例1］

湖北省松滋市科协举办
科普挂图巡展，助力新农村建设

2004年，松滋市被评为全国科普示范市。松滋市科协以此为动力，继续深入开展形式多样的科普活动。科普挂图是传统的科普宣传形式，具有图文并茂、形象直观、张贴方便、开发费用相对较低的特点。松滋市科协充分利用科普挂图的特点，在街道、社区、学校等场所进行巡展，在市民和学生中产生了良好的科普效果。市科协结合社会的热点话题，把群众急切需要科普知识编入科普挂图，制成展板，如《日全食科普知识》、《漫画科学发展观》、《节能产品识别指引》、《保护生态环境守卫绿色家园》、《节水在我身边》、《垃圾危害的具体案例》等，到城区各社区、学校进行巡回展览，并免费发放科普杂志。市民和学生踊跃观看，受到了很好的科普知识教育。

☞［案例2］

广东省广州市白云区科协
利用报纸开辟科普专栏

《白云时事》是广州羊城晚报报业集团民营经济

报社与白云区委、区政府联合创办的一份反映白云区政治、经济、文化情况的报纸。这份报纸紧贴白云区实际，而且在区机关、各街道以及各村、各社区居委会免费发放，很受广大市民的欢迎。2009年，《白云时事》创刊不久，广州市白云区科协就主动和该报编辑部协调联系，每周开设一期"科普天地"专栏，向读者宣传科技法规政策、介绍科普知识。"科普天地"栏目内容丰富，紧扣读者需求，如"甲型H1N1流感防治知识系列"、"二氧化碳与温室效应"等内容受到了白云区群众的普遍关注和好评。

☞［案例3］

云南省新平县科协创办
《新平科普》报，服务当地群众

1985年春，新平县科协针对县域面积广、交通相对闭塞、群众分散居住和科技素质不高的实际情况，针对各层次的阅读人群，创办了《新平科普》报。多年来，《新平科普》报紧紧围绕县委、政府的中心工作，根据不同季节，不同时期来确定报纸内容，尽量做到与当前的工、农业生产相适应，增强对工、农业生产的指导作用。现在，《新平科普》报已经成为新平县传播和宣传科技知识的重要载体，受到群众的普遍欢迎。《新平科普》报有"科普动态"、"种养园"、"政策与市场信息"、"科技生活"四个专栏，于每月10日出版发行，发行对象是县级各有关单位，各乡（镇）党委、政府，乡（镇）涉农涉科站所，村（居）委会、村民小组以及各种科技人员、科技示范户等。发行工作主要由县、乡（镇）、村（居）委科协承担。

到2010年，《新平科普》报共发行250期，向读者介绍致富信息3224条，种养技术3328条，生活常识2548条，前后培育了150个农技协、5个科普富民示范村、14个科普兴农示范园、3个科普示范社区、25000个种养科技示范户。由于《新平科普》报办得有特色出效果，促进了科技与生产的结合，提高了劳动者的科技意识和科技素质，推进了科协科普工作的全面开展。

《新平科普》报办报的成功，与新平县科协几代领导班子的不断探索、勇于创新，持之以恒地服务于"三农"是分不开的。《新平科普》报创办之初，由县科协联合相关单位办报，利用县科协计算机咨询服务部的微机进行排版和印刷，8开版，每月一期，发行数量每期2000份，没有专人没有经费坚持办报12年。1997年，经县委、政府批准，专门在县科协增加了1名《新平科普》报办报人员的编制。1999年，成立了由县委分管科协工作的副书记为主任的《新平科普》

报编辑委员会，副主任由县科协主席和县科技局局长担任，成员分别由县农业局、县畜牧局、县烟草公司、县林业局、县经贸局、县卫生局、县水利局、县计生局、县民族图书馆的主要领导组成，加强了对《新平科普》办报工作的领导和指导，由各联办单位共同筹集办报资金。报纸由原来的8开版扩大为4开版，印数由每期2000份扩大为6100份，并送至玉溪区调队印刷厂印刷，报纸的质量、容量、印刷数量都得到了扩大和提高，内容更加贴近实际、贴近生活、贴近群众，版面设计灵活精巧，发行更是遍及新平县的各级各部门和村村寨寨的千家万户。现在，《新平科普》报已经成为广大群众致富的好帮手。

☞［案例4］

陕西省西安市未央区科协编写
大众科普系列读物，打造科普宣传品牌

在科普资源的开发中，未央区科协把编写大众科普系列读物的编印作为全区科学普及的重要工具。从2004年开始，以"让公众认识科学、理解科学、运用科学"为目的，未央区科协在西安市首创区县科协自办科普刊物先例，每两月一期的《未央科普园地》成

为群众争相传阅的科普图书；2008 年开始，在原有经验和基础上编印了《饮食与健康》、《科普与生活》、《吃吃喝喝说健康》、《节能与环保》、《科学生活》、《甲型 H1N1 流感防控科普知识》等系列科普读物 10本，《节能减排保护环境篇》、《创建全国文明城市篇》、《食疗处方篇》、《低碳生活篇》、《秸秆综合利用篇》等系列科普宣传资料 8 册。7 年来累计投入 35 万元，印发 15 万册（份）科普读本，免费向区机关、各街道、村、社区和学校发放。这些特色鲜明的科普书籍（资料），形成了未央区科普宣传的知名品牌，深受群众的喜爱。

☞ ［案例 5］

山东省平邑县科协的
自编科普读物成为科普宣传重要手段

近年来，平邑县科协根据市科协创新科普工作的要求，结合本县的科普工作的实际，在农村科普工作中上水平、求突破。县科协根据全县科普工作的重点和需要，根据全县"三农"工作的需要，将农村政策、工作动态、科普要点、农村科普、科普常识等专题，编辑成《平邑科普》免费发放给乡镇科协、县直相关的单位、全县的科普宣传员和科普示范户。

　　县科协根据全县农村、农时和几大农作物的生长特性，将栽培管理技术至少提前 30 天编辑在《平邑科普》中，用于指导全县的农业生产和农村科普工作的开展。例如：2009 年创建国家级园林县城、2010 年春天创建全国绿化模范县，在《平邑科普》中增加了"绿化苗木移植的抚育管理"、"春天植树应该注意的事项"。

　　平邑县是果品生产和加工大县。各类果树按照季节的管理技术都能在各期《平邑科普》中找到。例如，2009 年冬季，由于低温和干旱造成冬小麦成穗群体相对较弱，为保证夏粮的丰收，《平邑科普》详细介绍了"冬小麦后期管理技术"。

　　平邑县科协在科普工作中充分发挥《平邑科普》的宣传作用。围绕县委、县政府制定的奋斗目标和关系国计民生的重大问题，创新思路、拓宽领域、积极献言献策，充分发挥科普主力军的作用；充分发挥民间科技交流主要代表作用；充分发挥学术交流主渠道的作用；在科普工作中发挥协调和指导作用；促进全县科普工作上台阶、上水平。

☞ ［案例6］

陕西省紫阳县科协创办
科技刊物，搭建科技交流平台

紫阳是全国的两大富硒区之一，紫阳的广大科技工作者从20世纪80年代起致力于硒的基础研究和应用研究，以富硒茶、富硒果醋、富硒肉食品为主的富硒食饮品形成规模走向了国内大市场，从而使紫阳的硒研究步入全国的领先地位。2009年，紫阳县建立了富硒生态科技农业园区和硒谷科技工业园区，县委、县政府依托资源优势浓墨重彩书写富硒资源开发的大文章。面对紫阳科技发展的新形势和新要求，紫阳的科技工作者期盼有一份内部科技刊物作为科协的宣传阵地，为科技工作者搭建建言献策的平台，形成茶乡紫阳科协工作的特色。

为认真贯彻落实《科学素质纲要》精神，积极推进实施科普惠民计划，全力创建省科普示范县，2010年5月，紫阳县科协创办了《紫阳科技》（内部刊物）。该刊物定为季刊，办刊宗旨是搭建交流平台，抒写科技人生，传播科学知识，展示科学发展，弘扬科技文化。赠阅范围包括省市科协、安康各县（区）科协、本县党政机关、县乡各专业协会（学会）和广大科技工作者。刊物设置了"科技论坛"、"科技人生"、"科技长廊"、"科学发展"等5个栏目。《紫阳科技》的创办，为全县科技工作者提供了建言立论的平台，为农村产业发展提供了科技支撑。刊物集科技文化于一体，是一份科技大餐和文化套餐。刊物的科技性、时代性和可读性特征引起了县委的高度重视，县委宣传部组织召开了《紫阳科技》创刊暨文化创新座谈会，对刊物的创办给予充分肯定和高度评价。县办刊物是一件新鲜事，为了把刊物办好，紫阳县科协组建了《紫阳科技》编委会，由县委常委、宣传部长任编委会主任，县科技部门的领导为副主任，农、林、水、茶等部门领导为成员，分别落实了责任，形成了科协牵头，各部门全力支持的强大合力。刊物建立了一支业务素质高、写作能力强的通讯员队伍，聘请15名骨干通讯员专门从事科技宣传。在县委通讯组的指导下，举办了两期通讯员培训班，培训通讯员42人。刊物还建立了激励机制，县科协面向全县科技工作者和通讯员，制定了宣传工作奖励办法，落实宣传任务，夯实工作责任，极大地调动了通讯员的工作积极性。

《紫阳科技》的创办，充实了紫阳县科协的宣传手段，扩大了工作平台，为宣传科协职能、推进科协工作提供了强有力的舆论支持，扩大了紫阳影响，提升了科协的知名度。

☞［案例7］

河北省邱县科协利用当地人才开创
"科普＋漫画"工作模式，科普宣传成效显著

邱县科普漫画创作人才汇集众多，农民漫画组织——"青蛙漫画组"全国知名。2000年5月，邱县被文化部命名为"中国特色民间艺术（漫画）之乡"。邱县科协积极借助这一优势，在工作实践中，逐步探索出"科普＋漫画"工作模式，取得了初步成效。

2004年，在河北省开展的文明生态村创建活动中，邱县科协分包新马头镇波流固村的创建工作，重点负责农业新技术培训等。在做好常规技术培训的同时，邱县县科协邀请"青蛙漫画组"，联合农林部门技术人员，设计创作了一套以宣传农业新技术新品种为题材的漫画，绘制在该村的主街道上，引起了农民群众的热烈反响。基于这一成功经验，邱县科协乘势而上，迅速将这一经验向全县推广。在内容上，由单一的农业技术拓展为涉及群众生产生活的各方面知识，如沼气使用、卫生保健、科学发展观知识、各类高新技术等。同时，邱县科协积极引导县级学会与漫画组结合，创作了大量的科普漫画作品。

2004—2007年，邱县科协先后编创出版了《图说1号文》、《"画"说沼气池》、《文明生态村漫画集》、

《绿色邱县》、《百问百查百图》、《计生漫画》、《安全用电挂图》、《新农村建设挂图》、《农业实用技术图解》、《反邪教漫画挂图》、《邱县农民反邪教漫画集》、《反邪教剪纸漫画挂图》、《图说法轮功》等。2006 年 3 月，在邱县县城主街道建成了长 60 米的漫画科普画廊。2007 年初，邱县全县 218 个村均建成科普漫画一条街，其中示范街 48 条。

2008—2009 年，邱县科协承接河北省科协科普资助项目，先后创作了《节能窍门漫画挂图》和《全民科学素质纲要漫画释析——农民篇》漫画画册。后者以图文并茂的方式阐释了国务院印发的《全民科学素质行动计划纲要（2006—2010—2020 年）》内容，共印制 5000 本，发放全省推广。此后，又创作了《图说安全生产》科普漫画读本、《送给你，减灾技能》漫画科普挂图、《低碳经济与低碳生活》科普挂图等。

2010 年 7 月，邱县被省科协授予首家"河北省科普资源开发创作基地"。授牌仪式后，上级科协领导同志实地考察了以"科普＋漫画"工作模式为主要标志的科普漫画工作室、"农村科普漫画一条街"建设，并给予高度赞扬。

☞ [案例8]

山东省青岛市市南区科协举办科普动漫大赛，助推经济发展

青岛市市南区位于青岛市市区南部，2008年全区实现生产总值（GDP）436.08亿元，至2009年底，入住市南软件园的软件和动漫企业达140余家，软件科技工贸收入超过125亿元。随着数字科技飞速发展，发展软件业和动漫产业，已成为拉动市南区经济增长的朝阳产业。

为了进一步转变经济增长方式，调整产业结构，战胜全球性金融危机影响，市南区科协以"节约能源资源，保护生态环境，保障安全健康"为主题，面向中小学生、社区居民和动漫产业界从业人员精心设计开展了"蓝色畅想——科普动漫大赛"。

大赛采用网上报名、社区推荐、专业评委封闭式评审、现场公布获奖名单的方式，整个活动自始至终保持公平、公正和开公并充满了各种悬念。大赛设业余组和专业组一、二、三等奖和一个特别创意奖。

大赛的亮点之一是参与面广，参赛者年龄和职业多元化，参赛作品水平高。参赛选手中年龄最大的45岁，最小的仅10岁；许多作者的创意水平和技术手段都达到了较高的水准，获得评委们一致好评。

　　大赛的亮点之二是普及了动漫产业知识。大赛使广大居民对动漫这一朝阳产业有了深刻的认识和了解，并为其健康发展打下了良好的群众基础。参赛作品以全新的视角诠释了科学生活理念，普及了科学知识，增强了广大居民学科学、爱科学、用科学的热情，为进一步弘扬科学精神，传播科学精神，提高居民科学素质和城区文化软实力起到了积极的作用。

　　大赛的亮点之三是以区全民科学素质工作领导小组办公室为龙头，带动了机关多部门密切协作，实现了真正意义上的"大科普、大联合"，达到了整合社会科普资源，实现资源共享的目的。

　　大赛的亮点之四是通过活动检验了区科协通过深入开展学习实践科学发展观活动取得的工作成果，展示了区科协高效率、多技能、高素质干部队伍奋发向上的精神面貌。本次大赛对提高地区文化创意产业的发展，引领城区创意经济发展潮流也具有划时代意义。

二、形式活泼的视听媒体影响群众

　　电影、电视是人们喜闻乐见的媒体形式，有生动直观、节目丰富的特点，在城市和乡村普及率很高。电话除了仅传递声音的有线电话外，还有集声音和视频于一体的可视电话；如今随着移动 3G 网络的全面覆盖，手机的视听功能也越来越丰富。传统的演出舞台虽然有地点和时间的限制，但因其更加直观的视听功能在城市和乡村依然有一定的市场。一些地方的县级科协充分利用这些媒体，制作了丰富的科普节目，采用舞台演出、开通热线电话、开办电视栏目等形式把科普宣传送到人民群众的身边，让人民群众开眼界、受教育、学知识、得实惠。

☞ [案例 1]

广东省广州市白云区科协将科普知识搬上舞台和银幕，受到群众好评

白云区有 14 条行政街、4 个中心镇，有为数不少的"村转居"的社区。为了让社区群众和农民更好地接受科普知识，白云区科协联手文化广电部门，在文化下乡活动中糅合科普宣传元素，组织辖区内科普志愿者和社区工作人员深入社区和村镇开展各类科普文化演出，增强科学普及的趣味性。2009—2010 年，共开展科普文艺演出 19 场，观众超过 3 万。在白云区钟落潭镇登塘村举行的 2009 年白云区科普文化宣传系列活动启动仪式中，白云区科协自编的小品《环保宣传员》、《急救超人之中暑篇》等节目博得满堂喝彩。村

民们说，这样轻松愉快的活动让村里的娃娃接触了科学，甚至让不识字的老太太都了解了生活中的科学常识。这种以文艺小品方式为科普宣传载体，在欢笑中学知识的方式很受群众欢迎。

经常性地开展科普文化宣传活动大大地激发了白云区科普创作人员的创作灵感，提高了他们的创作热情。2009年9月，在广州市科协系统的庆祝建国60周年科普文艺汇演中，白云区选送的自编小品《急救超人之中暑篇》被评为优秀奖。2010年，白云区又围绕"节约能源资源　保护生态环境"的主题，创作了新作"垃圾桶的故事"在科技活动周宣传活动中表演，广受欢迎。

白云区科协不仅将科普搬上舞台，更将科普知识搬上银幕。白云区辖区内有80万流动人口，大部分为外来务工人员。为解决他们文化生活相对匮乏的问题，白云区文广局和电影公司开展了电影下乡活动。白云区科协主动与文广局联系，结合电影下乡活动，在每场电影开映前播放10~20分钟的科技知识短片，内容函括农业种植、安全生产、健康知识等方面。在科技活动周期间，区科协还组织开展了科普电影下乡专场活动，精心挑选了切合农村实际情况的科普教育片，向村民群众讲述了日常急救、逃生的科普常识及计生知识。这些科普电影针对性较强，贴合群众的生活实际。如针对发生村民误吃毒蘑菇入院救治，及时播放宣传短片《如何认识有毒蘑菇》；针对暴发甲型 H1N1 流感和禽流感，播放短片《甲型 H1N1 流感防治》、《科学防治禽流感》。这些科教短片受到了农民群众和外来务工人员的热烈欢迎，被他们称之为"免费的科学课堂"。仅 2009 年在农村就播放了 200 多场科普短片，受益人数达 20 万人。

☞ [案例 2]

安徽省马鞍山市雨山区科协
开通科普热线电话，架起空中科普桥梁

在每天早晨 10 分钟的《科普园地》广播即将结束时，主持人提出一道知识问答题，听众可拨打雨山"科普热线"电话参与互动，答对者领取一份奖品。

从 2003 年 7 月至今，雨山区科协都在固定的互动时间里派专人接听雨山"科普热线"电话，记录下听众的姓名、工作单位等基本情况。截至 2010 年 9 月，打进热线的听众 5137 人，记录本达到厚厚的 8 本，奖励给听众的图书 8000 余册。一位外地来马鞍山市打工的农民工听众，不仅自己参与"科普热线"，还把电台录音和科普图书与工友们同享，在工友中宣传科学生活知识，当起了科普志愿者。通过"科普热线"，区科协还获得了许多办好《科普园地》节目的意见，提高

了节目的质量。如今,"科普热线"已成为马鞍山市普及科学知识的空中桥梁,雨山区精神文明的窗口。

☞［案例3］

吉林省蛟河市科协开通科普服务 "一线通",创造科普工作新品牌

"网络联得上,电话拨得通,信息及时送、咨询随时应,服务到现场,实效一线中"。为进一步提高农民科学素质,增强科普工作的服务职能,让科技服务及时到位,蛟河市科协于 2009 年创建了科普服务"一线通",真正实现农民与科技服务的零距离接触,为农民提供全天候、全年候科技信息服务。

蛟河市科协组建了由科研院所、涉农学会、农技协组织中的 30 名农技人员组成的科普服务团。在人员组成上,侧重于既有一定的理论水平,又有丰富的实践经验,能够实实在在解决生产中遇到的问题。

"一线通"专线电话由专人值守,随时记录,并及时将来电转达给科普服务团的农技专家,由农技专家进行电话解答。对来电无法解答的疑难问题,蛟河市科协配备的科普 110 服务车随时赶赴现场,帮助解决实际问题。2009 年夏秋时,天北镇于家村一菌农打来求

助电话说自己的近万袋黑木耳发黄萎缩。食用菌专家赵成忠接到电话后很快到现场，进行了认真检查，并针对实际提出了解决的方法，一周后菌袋又恢复生机，秋后获得了较好的收成。一年来，赵成忠接到2000多次电话咨询和几十次的入户现场指导，并通过食用菌网站传播食用菌生产技术、发布生产销售信息。

在服务的宣传上，蛟河市科协在全市农村所有自然屯的人员聚集场所贴挂"科普服务便民卡"，在卡上公布热线服务电话和各产业专业技术人员服务电话以及科普网站的网址，使广大农民不用出屯，随时随地通过"一线通"进行沟通，得到及时的指导和帮助。2009年秋，工作人员接到庆岭镇和平村农民打来的电话，询问采取什么样技术可以解决饲草，做到养牛拴养舍饲。接到电话后，高级畜牧专家周世广立即赶到和平村，由村委会组织30多养殖户到现场开办技术培训班，周世广认真讲解了利用"EM"原露发酵玉米秸秆的技术，并进行了实际操作演示。

蛟河市科协以科普基地为依托，组建三大作物、畜牧养殖、经济特产、食用菌等专家大院，在群众通过"一线通"进行技术咨询后，还可以到实地进行学习，做到更加贴近农民、更加贴近农业生产实际。

蛟河市科普服务"一线通"系统工程实施一年来，接受咨询电话1万多次，科普110现场服务68次，赶集30次，累计行程6000多千米，科技专家服务团深入村屯，到生产第一线通过技术指导、咨询，技术培训，解决疑难问题 2000 多人次，发放科技资料 4 万多份，传单 30 万张。通过网络发布各种信息 500 多条。促进了农业生产发展，取得了较好的经济和社会效益。

☞［案例 4］

新疆维吾尔自治区于田县科协开办多个电视科普栏目，为农牧民提供全方位服务

于田县科协为贯彻落实《科学素质纲要》，开展科普宣传，通过县电视台开办了多个电视科普栏目，为农牧民提供全方位服务。

这些栏目包括：

《为农服务》栏目，以传播致富信息，引领农民增收，开启致富之门为主旨，主要介绍致富经验和方法，栏目内容涵盖农业、林业、畜牧、设施农业、特色经济作物、新农村建设等。通过主持人解说，聘请相关专业人士在果园、大棚、畜圈现场讲解，专业大户现身说法等多种形式，引领于田县农牧民增收致富。年制作维汉文节目 128 期，播出 650 次，每期 10～15 分钟。

《生活百科》栏目，主要围绕民生问题，介绍群众关心的卫生健康、购物、吃穿住行、教育、文化、家

庭、法律、道德、治安常识和社会热点问题。年制作维汉文共 90 期，播出 332 次。

《双语跟我学》栏目，主要教授维文、汉文日常用语。年制作 50 期，播出 730 余次（每天 2 次）。

开办的其他科普类专题节目还有精神文明、扶贫、环保、卫生、教育、水利、乡镇卫生院、抗震救灾、灾后重建、党建带科协建设等。

☞［案例 5］

山东省荣成市科协利用
"TV－远教频道" 开展科普宣传与教育

2009 年 7 月，荣成市科协利用有线电视网，投资 24 万元，购置了地面接收、节目录制等设备，利用 "TV－远教频道" 开展科普宣传和教育，开办了《实用技术》、《新农村建设》等 27 个栏目，每天 6:30 至 24:00 循环播放。只要拨打免费电话 7551234，进入点播菜单，即可选择自己喜欢收看的科普节目。

2009 年，荣成市科协利用 "TV－远教频道" 实现科普互动平台现场直播、实况转播畜禽疫病防治、沼气生产管理等科普讲座、网上授课 16 场次，介绍应用新技术新品种 34 个。

三、广布快捷的网络媒体服务群众

网络媒体是近年来发展最快的媒体，也是最为广布快捷的媒体。网络媒体没有地域、时空的限制，集其他媒体的主要优势于一体，阅读者可以任意选择下载内容或上传内容，还可以与他人互动，越来越受到欢迎。一些地方的县级科协充分利用网络媒体传播迅速、广泛、灵活的优势，开展了各具特色的科普宣传工作。

☞ ［案例1］

上海市长宁区科协聚焦科普能力建设，为市民提供数字科普资源

科普能力建设是建设创新型国家的一项基础性、战略性任务。上海市长宁区科协聚焦科普能力建设，为市民提供数字科普资源。长宁区科协以社区科普资源开发为重点，以区域内的科普教育机构和社区科普活动场所为基础，以信息技术为支撑，着力搭建科普资源共享信息化，完善社区数字科普惠民平台推广模式，提高科普公共服务能力，最大限度地达到科普资

源在社区内的共享。

（1）参与上海市科普资源共享工程建设，打造数字科普体验平台。2008 年初，上海市科普资源开发与共享信息化一期工程长宁部分"可视化互动信息系统"正式启动，长宁区科协在充分利用上海动物园等科普教育基地现有资源的基础上，将科普知识学习与互动体验相结合、网络科普推广与实体运行相结合，集多媒体影音互动技术、三维实景再现技术、虚拟漫游特技技术、互动主持人手法、流媒体技术等高新富媒体技术于一体，打造出全新的虚拟互动老虎馆、科普多媒体作品库、长宁区科普品牌活动数字化以及科普多媒体人才库四个特色板块，让广大市民在浏览、学习与游戏中，全面提升他们的科学素质。2008 年底，上海市科普资源开发与共享信息化二期工程长宁区项目"科普资源开发与共享可视化互动信息系统"以多媒体高新技术为支撑，通过科普知识多媒体互动型作品研发，区域内特色品牌科普活动数字化、整合区域内专业类科普场馆的相关资源，并通过网络达到共享，打造科普资源共享的大平台，使之具有科学普及的功能性和针对各个层次受众的传播广泛性特点。

（2）创新科普能力建设模式，首开"数字科普活动中心"建设先河。长宁一、二期共享项目建成后，为了做到网上平台与实际平台虚实并存，互动共享，区科协对所属 10 个街、镇进行科普工作调研，首提建设"数字科普活动室"的要求，探索走一条社区科普共享的新模式。长宁区科协依托上海未来宽带技术及应用工程研究中心的国家"863"项目高性能宽带3TNet技术和科普教育基地沪杏科技图书馆拥有的科普影视资源，率先于2009年初在10个街镇社区文化中心内实现"数字科普活动中心"全覆盖。"数字世博"、VOD点播、"名家科普讲坛"、"名医与您谈疾病"等节目和沪杏科技图书馆的近5000部科普视频资源通过3TNet网络系统进入街镇社区文化中心的中心机房，社区居民可以就近在家门口体验由该信息高速公路带来的科普大餐。长宁区科协还组织了"庆祝上海市科协成立五十周年数字化科普视频资源共享平台展映优秀科教影片"、"7·22"日全食宣传视频挂图、《科普新说——天文学》视频、"名医与您谈疾病"直播等活动。2009年5月，长宁区科协在10个街道（镇）全面建立数字科普活动中心的基础上，建成区文化艺术中心数字科普平台（区文化艺术中心）、10个街道社区文化活动中心（数字科普活动中心）、居民区数字科普活动室三级科普资源共享网络架构。

（3）形成"6个e"工程，提升城区市民科学素质。2009年底，长宁区科协提出"长宁社区数字科普惠民平台"建设，继续与相关街镇联手，探索在居民区层面推进建立数字科普活动室，把数字科普内容送到社区百姓家门口；与区教育部门联手，将数字科普活动中心的网络延伸到部分学校，丰富学校科技教育的形式和内容，不断扩大数字科普的覆盖面和影响力，逐步注入新的科普元素，最终实现将教育、文化、医疗、养老等内容纳入共享频道，达到"e–科普、e–文化、e–教育、e–社区、e–医疗、e–养老"在线式为民服务，丰富社区居民的精神文明建设。平台建成后，社区居民可以在家中就可体验由信息高速公路带来的科普大餐，享受网上科普资源汇集带来的便捷，实现居民不出小区在家观看科普影片、点播优质教育资源的功能。

☞［案例2］

河北省辛集市科协建立移动科普信息传播网，实现科普信息惠农的目的

随着经济的快速发展，广大农村群众强烈的信息需求与信息传递平台建设相对滞后之间的矛盾日益突出。辛集市科协整合部门信息资源，建立"移动科普信息传播网"，搭建资源共建共享平台，探索出一条化解矛盾的有效途径，实现了科普信息惠农的目的。

2007年冬天，辛集市科协广泛收集农民和基层干部的建议，多次组织农民科学素质行动小组成员单位和部分科技人员召开研讨会，并最终达成共识：随着

农民收入的增加，手机资费的降低，农村手机普及率已近80%，可以利用这一条件，搭建手机短信平台，建立一条互动渠道。在辛集市委、市政府的支持下，通过和移动公司协商，很快达成了建设"移动科普信息中心"的协议，成立了实施协调小组，先后组织相关人员赴四川、重庆参观学习，于2008年春天建立了以移动科普信息中心为平台，农村手机用户为受众的科普信息传播网络。

在具体实施过程中，辛集市科协统一负责移动科普信息网络建设和运行工作，在科协建立专用机房，接入光纤，安装了短信发送服务器（MAS）等专用设备。同时，辛集市科协积极组建信息员队伍，协调畜牧、农林、农机、水利、交通、卫生等相关部门为移动科普信息网提供信息和农村实用技术支持，聘请相关学会的15名科技人员为信息员，定期以短信或电子邮件方式为信息中心提供实用技术及健康知识等信息，确保信息来源的稳定、准确、实用。有了网络和信息员队伍，接下来建立了信息受众群，并利用信息中心服务器的群组功能将受众依据各自需求分成大田作物、梨果、养殖、卫生健康等10余个类别，以便于定向发送信息。

辛集市科协构架了信息网工作流程：第一步，科技人员和信息员将科普、技术信息以电子邮件形式发送到信息中心。第二步，信息中心依据受众反馈需求和信息的时效性，对信息进行排序、分类整理，报请主管领导审核后登记。第三步，工作人员将筛选审核后的信息，通过信息中心的服务器，按照不同类别，免费向受众群发送短信。第四步，整理、记录受众的反馈信息及咨询，经过专家解答后，回复咨询者。对需求比较集中的问题，记录并反馈给相关信息员。

为确保信息传播规范运行，科普信息中心制定了严格的管理制度和信息发送制度，使每个工作环节都有章可循。发送信息采取技术、领导双重把关的方法，杜绝发送广告信息、虚假信息和违法信息，维护移动科普信息网络的社会形象。还建立了信息员培训室，配备投影机和电脑，定期对信息员进行业务培训。

作为科普信息网的延伸服务，辛集市科协开通了10条专家热线，随时解答农民提出的问题，并通过技术手段，将打来的热线电话转接到专家的手机上，17位专家全天候为农民朋友解决生产中遇到的技术难题，满足他们的技术需求。

移动科普信息网运行几年来，通过为受众发送果树管理、粮棉种植、养殖技术、健康常识等信息，及时指导群众的生产、生活，使农民群众能够及时掌握信息，收到了良好效果。

辛集市科协的移动科普信息网在科技人员和农民之间搭建起资源共建共享互动平台，方便了群众与科技人员的联系，实现了科普信息、农业实用技术高效、快速的传播，成为科普宣传的便捷渠道、科技人员传授科技知识的重要途径、农民获取实用技术和致富信息的主要来源。

☞ ［案例 3］

上海市浦东新区科协创建
科普虚拟社区

2009 年，浦东新区科协策划、建设数字化科普资源开发与共享平台——"浦东科普虚拟社区"，通过创新的科普形式，整合各种科普资源，搭建网络科普服务平台。它是对传统科普方式的拓展与提升，以"玩科普"的形式，实现现场活动网上联动，成为浦东不受时间空间限制的永不落幕的"科技节"，深受广大公众的喜爱和关注。

2008 年浦东新区科协成立了信息化工作组，在上海市科协的指导下，启动浦东科普资源开发与共享信息化工程建设。2009 年，策划建设"浦东科普虚拟社区"项目，并获得浦东新区信息化财力专项资金的支持。"浦东科普虚拟社区"依托浦东科普网，采用三维虚拟仿真技术，架构一个全新的、生动逼真的科普宣传平台，为公众带来全新的网上科普体验。将传统科普资源数字化，以直观、生动、活泼的表现形式，激发公众学习科普知识，参与科普活动的兴趣与热情，有效营造科普的氛围。

"浦东科普虚拟社区"整合传统的科普宣传资源，运用标准化、数字化手段，开发科普数字读物、科普知识题目、科普视频、科普动漫、科普小游戏等多种形式的内容资源，设置"科普图书馆"、"科普影院"、"科普画廊"、"科普体验馆"及"科普基地展示馆"等五个区域，实施分类管理，提供快速检索，方便用户浏览、下载。

浦东新区科协探索开发具有浦东区域特色的专题科普内容。2008年以来，浦东新区科协和上海中医药大学连续三年合作开发制作"岐黄养身堂"专栏科普内容，努力打造原创的中医药健康养生科普品牌。2010年，为推进广大科技工作者融入世博、宣传世博、服务世博，浦东新区科协和浦东工程师协会共同在科普网上开展"工程师眼中的世博"活动，号召工程技术人员以自己的专业知识解读世博科技。

为了更好地实现浦东新区科协常年科普活动、科技节（周）专题活动、科普热点活动以及其他社会团体举行的科普活动宣传教育效果，"浦东科普虚拟社区"搭建了一个网络科普服务平台，实现线下与线上的互联互动。浦东科普网开展了"相约科普行"系列活动之"科普达人征集令"常年知识竞赛活动、2010年浦东科技周"科技世博　低碳发展"主题活动以及浦东新区中医药协会举办的"中医中药进世博"科普活动和浦东新区反邪教协会"平安世博，健康生活"网络知识竞赛活动。

"浦东科普虚拟社区"还通过建设虚拟社区信息发布系统，在虚拟社区中及时发布科普资讯——活动预告、过程跟踪、实时新闻等，使公众及时了解科普动态，参与各类科普活动。

"浦东科普虚拟社区"的建设有力地促进了浦东科普工作的开展，尤其是网络科普实现了跨越式发展。到 2010 年，"浦东科普虚拟社区"注册会员已由原来的几百人发展到了 2 万多人，日均访问量已近 1 万次，浦东科普网在 ALEX 网站访问量统计由原来没有排名上升到综合排名 60 万名，位列中国科普类网站前列。"浦东科普虚拟社区"以全新的科普展现形式让广大民众在游戏般的环境中学习科学知识，引领公众"玩科普"，已经成为浦东"永不落幕的科技节"。

☞ [案例 4]

黑龙江省嘉荫县科协利用网络平台和手机短信开展科普教育成效显著

2007 年以来，嘉荫县科协克服边境交通不便、行政村分布分散、信息闭塞等诸多不利因素，大胆创新科普手段，大力推广网络培训和电化教育，借助现代农村党员远程教育平台，不断拓宽培训渠道，扩大培训覆盖面，使广大干部群众成为最大的网络科普受益者。网络科普不仅提高了人们的科学文化素质，也助推了县域经济的快速发展。

首先，县科协通过调查问卷的方式了解农村的需求，充实远程教育课件，将实用技术、科普知识等八大类1600多部视频资料和近百万字的文字资料，分门别类地挂到《嘉荫党建网》（www.jyxdj.com）上，供农村党员干部、群众下载、观看，实现了菜单式教学。内容涵盖了农田管理、畜牧养殖、水产养殖、食用菌栽培、特色种植养殖、棚室蔬菜、生态环保、卫生保健等诸多与农民生产、生活相关的实用技术。县科协组织科普专家、讲师利用UC课堂同步视听教学，举办水稻、小麦、大豆、玉米种植、黑木耳栽培，绒山羊养殖，水飞蓟种植等实用技术培训班127次，取得了较好的效果。通过举办培训班使农民及时有效地得到了市场相关信息。水飞蓟种植就是通过UC课堂学习后，在本县得以迅速推广，仅2009—2010年种植面积就增加了13.2万亩，使嘉荫县成为全国水飞蓟种植面积最大的县份之一，被命名为第六批全国农业标准化示范项目县。通过远程教育平台普及食用菌栽培技术，本县3612名耳农都熟练掌握了袋栽黑木耳栽培技术，人均收入增加了1万多元。

其次，以手机短信科普为辅助手段，在农业生产季节利用手机群发系统信息快捷的特点进行科普，解决了过去本县科普工作存在的"互动不便、渠道不畅、更新不快、针对性不强"的难题，收到了"小手机大用途"的即时传递的效果。运用手机短信方式科普，不仅增强了科普工作的时效性，也大大推进了本县科普工作效果。手机短信及时发送"天气预报"、"病虫害预报"等，对全县粮食生产起到了积极的促进作用；发送"黑木耳实用技术"知识，指导耳农及时防治红霉病、白霉病等病害和普及木耳新的增产技术。

与此同时，县科协为扩大网络科普成果与县委组织部、广播电视局联合开办了远程教育专栏——《希望·田野》节目，帮助农村党员干部和广大农民通过收看电视进行远程学习，引导他们因地制宜的发展农业生产获得更高的效益，几年来嘉荫县的农民人均收入每年提高近10%。

☞ ［案例5］

浙江省岱山县科协开通微博，
搭建科普宣传新平台

为进一步增强县科协在宣传工作动态、科普知识、基层科协及学（协）会活动开展等方面的时效性，2012 年初，岱山县科协创新科普宣传方式，开通了官方微博，以时尚、互动的微博形式，搭建交流平台、创新服务理念、拓展宣传内容。这个微博平台的开通，为更好地实现科协组织之间、科协与广大科技工作者及社会各界的互动交流，不断扩大科协工作的影响力，起到了有效的助推作用。县科协从"微生活"（日常科普知识）、"微科学"（科技前沿信息）、"微岱山"（推介岱山）、"微播报"（工作动态）等方面，多角度宣传科技知识以及岱山的风土人情、经济建设、社会发展。除了搭建微博互动平台，县科协建立了岱山科协网、创办"科普身边行"社区科普论坛等，全面搭建科协工作宣传平台。

（摘编自腾讯网科学频道文章；原稿为岱山县科协胡国平供稿）

四、形式多样的科普阵地吸引群众

要使科普宣传工作做得广泛、深入，除利用各种媒体形式外，还需要建设形式多样的科普阵地。一些县级科协积极开拓思路，结合当地情况，因地制宜地开辟各种科普宣传阵地，把科普宣传送到群众的家门口，让群众从科普宣传中受益。

☞［案例1］

云南省开远市科协建设文化艺术科普走廊和科普活动"功能厅"，取得良好的宣传效果

2009 年，开远市科协建设了 150 米长的文化艺术科普走廊和 150 平方米的科普活动"功能厅"，作为科协开展科普宣传的重要设施和窗口。截至 2010 年 6 月，参与科普宣传、举办各类展览等活动的科技工作者近千人，参观人数近 5 万人次，取得了良好的宣传效果。

文化艺术科普走廊的展览内容丰富多彩。"科技之窗"展示宣传开远市科技企业和农村专业技术协会产品，并通过电视播放宣传红河州科协的《红河科普苑》、农业部跨世纪青年农民科技培训工程、现代企业安全生产和预防艾滋病知识宣传等系列影碟；"青少年科普专栏"展示开远市中小学科技创新大赛成果、科普工作以及青少年科普绘画作品等；此外还有"百年开远专栏"、"开远工业专栏"、"开远市讯专栏"、"开远城市规划专栏"、"今日新农村"、"纪念日宣传"等栏目展示开远市的工业发展、城市建设以及贴近市民

生活的宣传展览。科普走廊上展示的科普挂图更是受到市民的欢迎和赞扬。这些科普挂图定期更换，内容包括航天科普知识、科学发展观知识、节能减排科普知识、画说高血压知识、医疗知识、安全生产知识、甲型流感可防可控知识、国际天文年科普知识、光耀中华改革开放30年科技成就等。

为提升科普走廊的硬件层次，开远市科协参照云南省科普走廊的做法，在原来建成的17块橱窗的基础上又进一步作了装修改造完善，新增加了一台52寸电视播放设备、一台"人文开远、幸福之城"灯箱滚动屏和24小时服务的新农村气象播报电子屏以及中组部的党员干部远程教育播放点。在科普活动"功能厅"配置了开展科普讲座影视音响设备，经常举办各种科普讲座。

为配合科普走廊的宣传工作，开远市科协还成立了开远市文化艺术科普学会。科普学会成立时便组织了摄影美术爱好者、中小学教师和学生到乐百道办事处玉来村开展"三协作活动"。开展了科普壁画创作，共完成科普壁画10幅。学会为庆祝建国60周年举办书画展览，作品原件在学会"科普活动室"进行了展览。2010年3月，学会结合开远市发展乡村旅游机遇，围绕科技为"三农服务"的主题，动员广大科技工作者为开远市10个新农村建设的改造开展了咨询服务，完成了新农村民居改造设计图100幅和旧寨村科普宣传墙画的设计和绘制。

　　开远市科协通过文化艺术科普走廊的宣传，不仅加深了党委、政府与广大科技工作者之间的关系，还引导了市民建立科学、文明、健康的生活方式，促进了开远广大市民科学素质的提高，营造了群众信科技、学科技、用科技的氛围。

☞［案例2］

江苏省江阴市科协组织开展科普大篷车"五走进"活动，扩大科普宣传覆盖面

　　2011年10月22日，江苏省江阴市科协组织开展的科普大篷车"五走进"活动拉开帷幕。这是江阴市科协为进一步扩大科普宣传覆盖面和影响力而组织的一次集中活动。为此，江阴市科协耗资25万元，购买并改装了一部集科普展板运送、科普电影放映和科技咨询服务等功能为一体的车辆，每周定期开进社区、学校、农村、企业和军营，把科学知识、科学精神、科学方法普及到城乡居民、企业职工、在校学生和部队官兵，让他们了解最新科技成果，不断提高科学素养。

　　在活动中，"科普大篷车"带来的精彩科普影视和展板，吸引了众多过往群众驻足观看。其中，由市科技工作者服务中心精心备置的三维立体科普展板，揭秘

了生动的海洋世界和物种进化知识，提出了致力构建人与自然的和谐、共同保护生态环境的理念。播放的科普小电影，向市民介绍了安全健康的养生知识。不少市民感慨地说："能够一出门就和科普亲密接触，是一件很快乐的事"。

组织科普大篷车"五走进"活动，是服务经济和社会发展的重要举措，在把科普知识传播到基层的同时，进一步丰富广大市民的精神文化生活，为江阴建设国际化滨江花园城市作出积极贡献。

（摘编自江苏公众科技网；原稿由江阴市科技工作者服务中心强静霞供稿）

☞ [案例3]

山东省苍山县科协办起夜间农民科普讲堂，为农民群众提供学科技、用科技的服务平台

2012年9月，由山东省苍山县科协牵头主办，县老科协、县科普惠民服务协会、县朝阳蔬菜产业服务协会、县食用菌协会及涉农部门、农业产业化龙头企业协办的夜间农民科普讲堂正式开讲。夜间农民科普讲堂是根据当今苍山县农村不同区域劳动力现状、农业生产时节、农民科技需求，组织单位聘请县内外农

业专家、学者和技术人员，利用晚上休息时间，向农村党员干部和群众宣传科普知识，进行科技培训，以提高农村党员干部和群众的科学素质。

夜间农民科普讲堂主要为各村（居）两委成员、各类科技示范户、回村知识青年、农村专业技术协会会员、农民专业合作社社员、各类农业科技示范基地技术骨干能手传经授课和科技服务。讲堂重点宣传科普惠农政策措施，宣传新农村建设有关法律法规，讲解农业标准化生产技术，传授农产品质量安全管理知识，推广新良种、新产品、新良法，讲解测土配方施肥及农作物病虫害防治技术，引导农民科学施肥用药，选择科技试验示范点（田、片）。

夜间农民科普讲堂坚持方便群众，科文结合，追求实效，以行政村（社区）的科普学校、文化大院为主阵地，也利用安全的街巷路口、门前屋后、宽阔场地等，集中科普培训服务，把最新农业科技理念和农业技术传授给广大农民。

夜间农民科普讲堂坚持优质高效服务，不增加乡镇（街道、区）、行政村（社区）经济负担，所有服务费用由组织单位承担。讲堂做好技术培训后续工作，搞好农民信息反馈，认真做好技术回访。县里每支技术服务队原则上每天晚上讲一个村，讲课大约两个小时。如有村庄人口规模较大，听课人员多，可设立 2~3 个课堂。每个讲堂都组织不少于 50 人的听课规模，并维护好教师安全和讲堂秩序。讲堂设立服务热线，昼夜24小时开通。

目前，苍山县已有230个村居开设夜间农民科普讲堂360期，28650多人参加。通过举办夜间农民科普讲堂，有效解决了农村劳动力工学矛盾，农民学习掌握了大量农业科技知识，增强了发展现代农业技能，为当地农民群众提供一个学科技、用科技的服务平台。

（摘编自中国科协网文章；原稿由山东省科协供稿）

☞ [案例4]

广西壮族自治区大化瑶族自治县科协在科普示范村建立科普图书室，把文化知识送到农民家门口

为贯彻《科学素质纲要》，加强基层科普设施建设，提高全民科学素质，2012年11月，大化瑶族自治县科协在科普示范村——岩滩镇常吉村原建的图书室基础上，增设科普读物专柜，建立科普图书室。

科普图书室的建立为基层科普工作提供一块阵地，把科技文化知识送到了农民家门口，把科普知识带到了乡间村头，让广大居民及时了解到全新的、实用的、针对性强的科普知识，真正成为科技工作者、科普宣

传员的"加油站"，农民的"黄金屋"和农村孩子们的"第二课堂"。科普图书室的建立，还为科普示范村增加了示范内容，也加强了科普示范村的科技文化建设，成为农村科技便民服务窗口、农村科普资源集散地、农村科技需求调查点和农村科普工作骨干联系点。据了解，岩滩镇常吉村科普图书室现藏有科技图书5000多册，有电脑、打印机等办公设备。

县科协领导表示，力争在近期内进一步丰富和完善示范村科普设施建设，增加科普图书读物，增添科普宣传画廊，增设科普宣传专栏，加速示范村科普建设进程，使科普惠农实现全覆盖，为农民服务，为新农村建设服务。

（摘编自人民网广西频道文章；原稿为覃庆鹏、覃明文供稿）

☞ [案例5]

浙江省淳安县科协转变科普工作方法，构筑科普宣传新阵地

淳安县科协充分发挥科协"小演员大角色、小舞台大作为"作用，因地制宜抓科普宣传，通过各种方式努力将触角向社区、农村延伸，积极服务广大群众，

取得良好效果。

因经济条件制约，淳安以往的科普宣传都临时性以开展活动为主，存在着长效性不佳，没有固定舞台的尴尬。针对该现状，近年来，淳安县科协重点加强了科普活动中心建设，科普宣传为之一新。

淳安县原来的科普活动中心原先仅有一块牌子、一个教室。从2010年开始，县科协在县体育馆租赁2000多平方米的场地，建立科普活动中心。开辟了星座科普知识、海洋生物世界、三维立体恐龙世界、核科技、航天科技、航空科技、兵器科技、舰船科技、中国古典智力玩具展、领导亲切关怀等十大展区，各类展品数量超过600件。在科普活动中心内建有科普展示厅，组织青少年参观、学习、娱乐，并定期组织寒暑期大课堂等活动。为了增强互动，科普展示厅为每位参与者提供了优质的讲解等服务，同时根据展品内容，要求参观后写一份反馈表和金点子征求意见表。科普展示厅的开放，填补了淳安县没有固定场所展示科普资源的空白。

为了扩大科普宣传阵地，淳安县科协在政府的支持下，做好了新科普活动中心建设相关规划。根据规划，新的科普活动中心使用面积达到7000平方米以上，具有展示、培训、学术交流、科普报告、科普影视、科技实验等丰富功能。

在抓好县科普活动中心建设基础上，淳安县科协还非常注重小型科普馆建设和户外科普宣传工作。通过逐步建设小型科普馆和加强户外科普宣传，成功实行了科普宣传阵地前移，让更多市民接触到科普知识。

针对淳安特殊的地理气候环境，县科协首先把力气花在了气象科普苑建设上。省内第一个县级气象科普主题公园——淳安气象科普苑于2011年3月份建成，占地面积1500平方米，主要包括室外气象主题公园和室内气象科普展馆。气象主题公园围绕淳安国家气象观测场四周，充分利用现有的挡墙、道路、空地，在景观中融入气象文化，新建了四季气象景观柱、仙人承露、气象文化长廊、气象灾害预警碑、观景栈道等。气象科普馆主要是以游戏点读、展板与实物、平面和立体灯箱，声、光、电技术的模拟演示等功能来实现气象科普知识多功能展示，分为气象观测仪器实物展示区、二十四节气游戏区、气象知识游戏区、综合演示区和图板展示区等。特别是在综合演示区，可以通过投影技术，以声、光、电形式，真实生动再现千岛湖全景和生态系统，模拟出千岛湖上空云的形成、发展和风、雨、雷、电等现象，以及水面上岛屿、水面下各层次生物动画等，是国内同类气象科普展馆中最具特色的展厅。淳安气象科普苑丰富了为市民特别是青少年亲近自然、学习气象知识提供了课堂，使他们了解各类灾害，增强防灾意识，提高减灾能力。

淳安县是一个集山区、库区、老区、边区于一体的经济欠发达县，存在着人口多、分布散，交通不便，许多群众文化程度低等因素。淳安县科协努力建设科普宣传"站栏员"，实现科普宣传的全覆盖。目前，淳安县全县23个乡镇和62个村开展了"站栏员"建设，建有62个科普活动站、62座标准宣传栏，配备113名科普宣传员。此外，县科协充分利用全县无线广播"村村响"，开通了《天天科普》栏目。广播的快捷、方便、跨越时空，刚好满足了广大农民的迫切需要。从2008年开始，县科协还在淳安《今日千岛湖》开辟"科普之窗"栏目，定期刊登农业先进技术、医疗保健、低碳生活、安全生产、生态保护等信息和知识，为农民发展农业解疑释惑。县科协还瞄上了户外新媒体建设，在城区56辆公交车上播放科普动漫，在社区设置科普宣传栏和LED显示屏进行科普宣传，服务了城区市民。

在各类宣传中，县科协还特别注重科普宣传的"二次宣传"效果。所谓"二次宣传"，就是实现"宣传—反馈—再宣传"的良性互动。为了达到"二次宣传"的效果，县科协在宣传中特别注重反馈，通过在宣传活动期间收集各种意见建议，随后有针对性开展发放问答表、开展知识竞赛、发放科普书和科普小纪念品等活动，让参加活动的人接受了反复式宣传，为科普宣传传好接力棒，加深了宣传效果。通过"二次宣传"，不但促进了对象自身素质的提升，更重要的是，实现"教育一个对象，影响一个家庭，带动一个社会"的目标。

（摘编自淳安县科协网文章；原稿为淳安县科协徐满仙供稿）

第三章

开发集成科普资源　夯实科普工作基础

　　科普资源是应用于合作交流，为社会和公众提供公共科普服务的科普产品、科普信息和科普作品的总称。

　　科普资源也是科普能力的载体，一个国家的科普能力集中体现为向公众提供科普产品和服务的综合能力。目前我国科普资源的建设和使用上还存在着科普资源总量不足、优质资源数量不多、资源利用率不高、服务基层能力不强、科普创作和资源研发的队伍缺口大等问题。因此，开发集成科普资源，夯实科普工作基础就显得十分重要。

　　县级科协注重联合社会方方面面的力量，想方设法开发科普资源，让这些科普资源充分发挥作用，服务当地经济发展、社会民生和文化建设，满足人民群众对科学技术和精神文化的需求，走出特色科普之路。

一、利用特色资源，建立科普宣传平台

我国地大物博，许多地方有着得天独厚的自然资源，但往往只作为经济资源、旅游资源，而并未作为科普资源得到有效的开发。一些地方的县级科协慧眼识金，将自然资源巧妙开发利用，将科普宣传融入其中，达到事半功倍的效果。

☞［案例1］

安徽省桐城市科协抓住地域机遇承办科普节

2009年，国家天文台等有关方面专家测定，桐城市嬉子湖镇正中心（春和堂）恰好被日全食地面投影中心线横穿而过，日全食持续时间近5分钟，是全球观测日全食时间最长的地方之一。桐城市委、市政府在得到科协的汇报后，决定抓住机遇，组织举办2009年桐城市日全食科普节。桐城市科协作为主要成员单位，承担了实际工作。

桐城市科协首先做好争取工作。一方面争取扩大影响。2009 年 5 月 19 日，中国科学院、中国科学技术协会、科技部、国家自然科学基金委员会等单位在北京国家天文台联合举行"2009 年国际天文年日全食观测和科普活动周"新闻发布会。会上桐城市被中国科学院国家天文台、中国天文学会确定为"2009 年日全食指定观测地"，并颁发了牌匾和证书（全国共 8 个）。另一方面争取了市委市政府在财力、物力、人力方面的大力支持。之后，桐城市科协努力做好科普节的各项准备工作。在活动组织上，桐城市科协结合神奇的天像奇观、美丽的地域风景和闻名的桐城文化，举办了主题为"天地人和　魅力桐城"的科普节，在全市确定了 5 个特色鲜明的观测点，举办了 7 项影响深远的活动。在基础建设上，市政府投资 1000 多万元完成了高双公路的路基拓宽和路面浇油工程，嬉子湖生态旅游发展公司完成了方以智广场的基础工程、沿湖长约 3000 米的湖滨观测大道和建成能入住 200 人的嬉子湖度假村。在推介宣传上，对外，桐城市科协于 2008 年 11 月在中国（芜湖）科博会上设置专门展位，进行了专题宣传推介，"嬉子湖天文科普系列展"项目荣获铜奖。国家天文台主办的《中国国家天文》杂志在 2009 年第四期对桐城有关人文和旅游资源进行专题报道，桐城市科协邀请了许多国家级、省级电台、电视台、网络和报纸等媒体进行专题报道。对内，桐城市科协三次接受市新闻媒体的专题采访，印刷发放了大量观测资料，加大宣传、扩大影响，确保在观测期间不发生任何安全事故。

7月22日，到桐城市观看日全食的游客达5万余人，前往嬉子湖实地观看的有2万多人，其中国外游客达1000多人，国家天文台、中国科学院、中国科技大学的天文专家100多人；相应活动带动住宿、餐饮、旅游、工艺品等直接消费千万余元；新浪网作了现场直播和全程录像、照片回放，新华网、人民网、北方网、《齐鲁晚报》、安徽电视台、《安徽日报》等国家级、省市级媒体作了大量的报道。这次活动最终安全、有序、圆满结束，对提高桐城知名度、提升桐城形象更起到了不可估量、不可替代的作用。

科普节给了桐城市科协很多启示。首先，科普工作必须要抓住机遇、迎难而上。日全食在桐城出现是千载难逢的机遇，桐城市科协以充分的勇气，承办了科普节的大量具体事项，冒着出力可能不讨好的风险，克服职能、财力、人力、物力上的问题，想干、敢干、能干，取得了工作支配权。其次，科普工作必须要主动服务、定准位置。科协工作的性质决定工作方法，主动贴近，主动服务。桐城市科协面对工作中的困难不畏缩，主动出击，积极与镇政府、村和各单位联系，依靠市委市政府，用服务贴近他们，用道理说服他们，用工作支持他们，掌握了主动权。

☞ [案例 2]

安徽省黄山市黄山区科协
依靠自然资源打造科普旅游教育基地

黄山是我国著名的风景区，位于安徽省南部黄山市境内，有"天下第一奇山"之美称。黄山市黄山区科协依靠这一得天独厚的自然资源，用科学方法打造新型科普宣传平台——科普旅游教育基地。

黄山区科协认为，科普旅游宣传平台是科普的重要平台，也是科协工作开展对外宣传的重要窗口。目前，黄山区共有植物、动物、船模、地质等方面科普（旅游）教育基地 7 个，各教育基地都能够充分依靠自身旅游资源优势，大力开展各类科普知识宣传普及活动。活动的开展得到黄山市科协、安徽省科协的充分肯定，黄山区太平湖船文化博物馆、飞龙瀑景区被省科协命名为省级科普教育基地，猴谷景区被市科协命名为市级青少年科普教育基地。

黄山区旅游资源丰富。科普旅游教育基地创建前期，游人对景区的了解只局限于导游的讲解，自己无法更深入品味。随着景区的开发和游客要求的提高，如何更好展示景区魅力，吸引游客深度了解景区自然历史和自然资源，普及科学知识，便成了首当其冲要解决的问题。鉴于此，黄山区科协积极开拓思路和研究办法，通过对不同景区深入调研，认为存在主要问题是旅游景区科普品味低，由此提出了用科学方法加快景区资源科普产品开发，提升景区资源科普品味，促进景点档次提高。在调研基础上选择几个环黄山和太平湖且条件较好的景点作为科普旅游教育基地创建试点。一是完善景区科普基础设施建设，营造景区科普氛围，如在景区显著位置设置科普宣传栏及科普展馆等。二是联合区旅委，组织区林学会、中医学会的专家，并邀请科研院所和大专院校的教授对这些景点做系统分析研究，建立了一套完整的动植物和中草药及地质奇观为代表的科普产品。三是通过专家实地科研调查分类，将特色植物分类挂牌，把植物的俗名、科名、拉丁语学名、黄山的分布情况、物种的经济、药用等应用价值标识展示出来，使游客在欣赏自然美景的同时获得科学知识的信息。四是制定《黄山区科普旅游教育基地管理暂行办法》，然后与旅委联合发文，在全区所有景区进行普及。

黄山区科协科普旅游教育基地创建成功，开辟了新型科普宣传平台。有以下几点启示：一是面对工作中的难点和薄弱环节，必须解放思想，善辟蹊径，在探索中寻求工作的新支撑点。依托丰富旅游资源，搭建新型科普宣传平台已成为黄山区科协科普工作一大亮点。二是科协工作的开展一定要因地制宜，用科学的方法，要服务大局、服务发展。科协工作如果脱离经济社会的发展就失去了生命力。因此，科普旅游教育基地创建不仅提升景区科普文化品味丰富了景区内涵，而且也帮助解决了"留人难"问题，刺激了当地经济的发展。

二、引进专家智力，创建科普品牌

专家学者是科普工作的主要依靠力量。在科协的工作中，无论是开展科普宣传，还是技术培训、引进项目，或是扶贫致富，推进经济发展和文化繁荣，都离不开专家学者。一些地方的县级科协在开展工作中重视专家学者的作用，借助专家的智力优势，服务当地人民群众，开展特色的科普活动，创建科普品牌，产生了良好的社会效益和经济效益。

☞ [案例1]

山东省济南市天桥区科协引进
专家智力支持，开展心理专家社区行活动

随着经济社会的不断发展，人民的生活节奏不断加快，工作压力越来越大，人们的各种价值取向、利益

矛盾相互叠加，危机感越来越强烈，由此产生的心理问题也不断增多。此外，人们的健康意识和养生需求也日益强烈。因此，加强心理健康教育、开展心理咨询和干预已成为一项十分紧迫的社会任务。济南市天桥区科协从解决人们的心理问题入手，开展心理专家社区行活动。

天桥区科协引进专家智力支持，与济南精神卫生中心签订协议，邀请心理专家走进社区。请心理专家每两周进行一次讲座。讲课的内容包括高考考生、亲人去世、空巢老人、更年期等情况心态调整，精神病人陪护，驾驭情绪，消除烦恼，心理游戏等。听课者不仅有科普大学学员、机关干部、企业职工、下岗失业及外来务工人员，还有中小学生。区科协指导社区成立社区心理咨询室，腾出专门房屋，安装专线电话。组织心理专家每周在心理咨询室进行心理辅导，对每个咨询者至少要进行两次心理疏导。心理专家把家庭电话、手机号公之于众，方便居民百姓业余时间电话咨询。区科协还举办社区心理健康辅导员培训班，组织街道科协秘书长及部分社区工作者40人参加培训班，邀请具有实践经验的心理专家进行系统培训。

自天桥区开展心理专家社区行活动以来，在天桥区的社区，家庭矛盾和邻里纠纷大大减少，居民的心态平和了，处理问题冷静理智了，听心理健康讲座接受心理咨询的多了，热爱社区热心公益的人多了，不文明现象很少见了，越来越多的居民主动参与社区活动，社区更加和谐了。

☞ [案例 2]

湖北省保康县科协以产学研
对接活动为平台，创建科协工作品牌

近年来，围绕保康县"一主两翼"发展战略，保康县科协着眼建设"四个大县"和打造"双百亿"产业，以服务农业主导产业、工业重点企业为主体，以产学研对接活动为平台，大力开展科技兴农、科技兴企服务活动。

保康县科协深入乡镇、县域重点企业，围绕产业和企业发展中存在的关键性技术难题和人才需求，广泛开展走访、座谈、调研活动，摸清一些产业和企业人才与技术需求的底子，建立产业和企业人才与技术需求信息库。到 2012 年 3 月，进入县科协人才与技术需求信息库的农村主导产业达到 6 个，工业企业达到 15 家。围绕产学研结合，开展校企技术对接活动。组织辖区企业积极参加"襄阳市校地科协产学研合作推进机制签字仪式"、"襄阳市科协组织湖北大学、湖北工业大学、武汉纺织大学、襄樊学院专家与企业技术对接洽谈会"等多种形式的技术对接活动，帮助企业加强同高等院校的联系与沟通，推动了部分企业与高校成功开展项目与技术的对接与合作。2011 年，全县 7 家企业分别与湖北省 9 所高校科技处取得联系，有 3 家企业还邀请到高校教授、专家开展实地调查研究，并签订了合作意向书。

围绕增强企业自主创新能力，县科协积极开展院士专家工作站建设工作，多次奔赴北京、沈阳等地，邀请中国地质学专家、中国工程院裴荣富院士及其团队来尧治河参观考察，并与尧治河集团共同成立了全县第一家院士专家工作站。尧治河院士专家工作站的成立，特别是与裴荣富院士、辽宁地质矿产研究院、辽宁石油化工规划设计院、沈阳化工大学签订的《关于建立湖北尧治河集团公司院士工作站的合作协议》、《磷矿选矿合作的框架协议》、《关于化工项目规划、设计合作的框架协议》、《磷化工新产品研发合作的框架协议》和《共建本科生、研究生实习基地的框架协议》以及一系列实质性协议的相继签订，推动了县产学研合作迈向新的水平，对尧治河磷化工加工乃至全县磷化工产业提档升级必将起到巨大的推动作用。尧治河院士专家工作站的典型做法，得到襄阳市委的充分肯定，在市委内刊《每日一报》上刊发。

（摘编自人民网科技频道文章）

☞［案例3］

辽宁省西丰县科协依靠专家创造"四个一"培训法，让当地的科普培训新风扑面

在多年的科普培训中，西丰县科协的同志们发现，农民为发家致富、掌握新技术非常愿意参加培训，但在培训中坐不住、听不进、记不清者不在少数。要解决这种"培训效果不明显，不搞培训更不行"的现状，必须在培训的方式方法务实创新。经过近几年的实践，他们探索出了"课上专家讲一堂、带领实地看一趟、现场指导支一招、农家院里唠一唠"的"四个一"培训法。

2008年6月，西丰县科协在成平乡组织了一次别开生面的培训班。这次他们邀请到中科院沈阳应用生态研究所高级工程师曲世鹏。凭借在铁岭地区从事榛子试验示范研究10多年的经验，曲老师与县科协的同志不谋而合，决定这次培训要对症下药，把课堂摆到农民的田间地头，结合生产实际，采用培训理论知识与实地现场指导的方式相结合，适时合理地安排好培训程序，以解决农民在单向接受培训时注意力不集中的问题。6月6日早上，到乡里参加这次培训的榛农还不到8点就陆陆续续来到了培训会场，有的手里拿着纸和笔，有的手里还拿着刚从榛杆上撕下的病枝叶。曲

老师从现阶段病虫害防治讲起，把病、虫的类型以及症状、危害、对产量的影响也介绍得非常生动。结束了理论学习，曲老师带领榛农来到一片榛园，面对面、手把手地传授，把刚才在课堂上讲的对症下药，榛农听得个个竖起了耳朵，瞪大了眼睛。有的榛农还拿起了手中自家榛园的伤病枝叶让老师亲自帮助支招。大家踊跃提问，老师一一解答，现场的解惑答疑气氛浓烈。此后的三四天里，曲老师等工作人员带领受训榛农去了榛园最多的景贤村，在那里继续现场指导。经过曲老师的指导，2009年成平乡榛子的产量比2008年提高了近四成，其中有16户产量由2008年的每亩25.5斤提高至平均每亩超过百斤，"榛子状元"王成福家亩产已超过200斤。

西丰县科协按照"课上专家讲一堂、带领实地看一趟、现场指导支一招、农家院里唠一唠"的"四个一"培训的成功经验，又陆续组织开展了其他乡镇的"榛子栽培技术培训"，还相继组织了"林蛙半人工养殖培训"、"梅花鹿受精技术培训"等，效果都非常好。

"四个一"培训法选择优秀的、能将知识活学活用的专家，把培训服务从课堂做到田间地头或农户家中，把理论和实际充分融合，真正把要农民学，变为农民要学，解决了传统培训"坐不住、听不进、记不清"的问题，让科普培训成为科技成果转化的"加速器"，提高农民朋友种植、养殖和管理水平，推动了农村科技进步，促进了增产、增收，也开创了西丰县科普培训新局面。

☞［案例4］

山东省济南市市中区科协创办"科学理财大讲堂"，请专家教授为群众送去科学理财知识

随着社会发展，人们生活水平的提高，人们对科学理财知识的需求不断高涨，而众多正规金融机构却苦于没有一个合适的平台让科学理财知识走进社区。针对这一现状，济南市市中区科协紧密结合区委、区政府提出的打造"金融商务市中"总体部署，在深入基层调研的基础上，确定了"为群众送去科学理财知识，增强社区居民防范金融风险能力"的工作目标，2008年创办了"科学理财大讲堂"。

"科学理财大讲堂"以"倡导家庭科学理财　服务金融商务市中"为宗旨，以提高社区居民科学理财意识、增强防范金融风险能力为目的。市中区科协联系18家金融机构，邀请银行、证券公司、保险公司和山东财政学院的专家教授，成立了市中区"科学理财大讲堂专家讲师团"，为大讲堂提供智力支持。区科协带领讲师团的专家教授深入各个社区开展咨询、讲座。

如何使群众充分信任大讲堂呢？市中区科协从两个方面入手。一是对讲师团加强管理，明确大讲堂的公益性，禁止任何带有广告色彩的宣传；二是借助群众认可度较高的现有平台，提升大讲堂的公信力。市中区科协将大讲堂引入在社区居民中叫得响、信得过的品牌——济南社区科普大学，不仅扩大了科普大学的功效，更使群众通过科普大学逐渐了解大讲堂、信任大讲堂、参与大讲堂。大讲堂从参与者"寥寥"到"众众"，真正在社区中"立"了起来。市中区科协采取了多种宣传形式，如在网站上开设"科学理财大讲堂"板块，在《市中科普》报上设立大讲堂专版，在全区开展理财知识竞赛，在社区中开展科学理财消夏晚会，向群众发放《理财掌中宝》20000 册，张贴"科学理财挂图"300 套，使大讲堂"火"起来。市中区科协还开展了"理财知识四进"活动，深入企业、机关、社区、农村，设置"专家服务热线"，讲师团专家"一对一"解决群众遇到的理财问题，解答群众的困惑。并以调查问卷、电话回访等形式听取群众对"大讲堂"的意见、建议，并以此为依据，调整大讲堂的授课内容，使大讲堂更加贴近群众需求。

市、区各级领导对科学理财大讲堂予以高度评价，电视、报纸等多家媒体给予重点报道。群众普遍反应："这个大讲堂真是好！不但让我们老百姓了解到了金融形势，还让我们学到了金融知识，听了人家理财专家的课，才知道金融跟咱百姓人家贴得这么紧！"

正是由于"科学理财大讲堂"的出现，几年来，市中区群众对金融风险的认识显著提升、防范非法融资陷阱的意识明显提高，科学理财了、群众安定了、社会和谐了，市中区也由 2008 年非法融资的重灾区，变成了现在的科学理财示范区，"大讲堂"已成为市中区家喻户晓的科普工作特色品牌。

三、动员各类人群，组织科普志愿者队伍

近些年来，科普志愿者作为科普工作的一支重要力量，在树立和落实科学发展观，宣传《科普法》和《科学素质纲要》，开展科普宣传、科技咨询、科技培训、科技下乡等多种形式的科普活动以及促进城乡精神文明建设方面，发挥了积极作用。一些地方的县级科协积极组织、广泛动员志愿者参与科普工作，充实了科协科普工作的力量，也扩大了科协的社会联系面和社会影响力，产生了明显的社会影响，取得良好成效。

☞ [案例1]

广东省广州市白云区科协发挥
科普志愿者作用，开展科普支教活动

2009年5月，白云区青少年科普知识义教活动在白云区明德小学正式启动，来自华南理工大学的科普志愿者们通过播放科幻视频，开展趣味科普知识问答、进行花草香皂、风信子、自制小台灯等的手工品的制作和原理的解析等方式，引导小学生们积极参与活动。该活动是白云区科协多年来积极探索中小学校与广州地区高校、科研院所、科普场馆共同开展科普教育的有效做法。

目前，白云区首个"青少年科普志愿者服务基地"已经挂牌成立，华南理工大学团委定期组织志愿者到白云区中小学开展主题为"大手牵小手，科普快乐行"为主题的科普义教活动，培养青少年的创新意识和实践能力，激发他们学习科技知识的动力。除了华南理工大学、中科院广州分院、广州青少年科技馆等单位也先后与白云区江夏小学、广铁五小等多所学校开展科普知识义教活动，直接把科普知识送上学校课堂。

☞ [案例 2]

云南省凤庆县科协组建多种形式的 科普志愿者队伍，使科普宣传深入农村和社区

近年来，凤庆县科协重视科普志愿者队伍建设，积极动员社会力量加入科普志愿者队伍。

2009 年县科协组建了一支由 37 名专业技术人员组成的凤庆县贫困山区少数民族农村科普工作队。工作队除参与全县大型科普活动外，每年根据需要深入农村开展科普工作，重点扫除凤庆县山区的科技盲区，逐年提升山区农民科技素质，助推产业发展。

县科协还组建了一支由社区文艺爱好者组成的科普文明志愿宣传队。宣传队经常走进社区、农村进行科普文艺演出，以群众喜闻乐见的形式宣传科普知识。

从 2010 年初开始，县科协组建乡、村两级科普工作队。至今，90% 以上的乡镇、村都组建科普工作队，为全县科普工作深入开展提供了人才支持。全县各行政村都有科技致富带头人和科技示范户，各村有 1 名村干部兼任的科普员，形成以科技致富能手、村民小组长等为主体的农民科普队伍。部分农村还活跃着一些以自然村为单位，由科普文艺爱好者牵头，老百姓自愿组合的科普志愿者服务队伍。

☞ ［案例3］

四川省开江县科协完善科普
志愿服务体系，实现科普志愿服务制度化

2007 年，开江县科协牵头成立了以县科协主席为组长，各学会会长、协会理事长为副组长，优秀志愿者代表为成员的科普志愿工作领导小组，解决了科普志愿服务有人才资源无组织协调、有分散活动无统筹安排的问题。科普志愿者招募采取动员与自愿参与相结合、定向招募与临时召集相结合、基本队伍与流动队伍相结合等方式，在社会上广泛招募老科技工作者、离退休教师、医务工作者、党政机关干部、企事业单位职工和在校学生有特长的各类人才。500 余名具备一定专业素质、热心科普工作的科普志愿者，组成了科普宣传小组、科普讲师团、专家服务团等科普志愿者队伍，建成了一个较为完善的科普志愿服务网络。

开江县科协建立了科普志愿工作领导小组工作制度。领导小组定期召开例会，定期举行咨询、报告会和工作年会，研究科普志愿工作，及时商讨解决碰到疑难问题。

开江县科协完善了科普志愿者招募机制。在深入了解群众的服务需求后确定服务项目，对招募对象制定出相应的要求，接受应招者的报名。拟定了科普志愿

者的培训机制。县科协发挥组织的信息优势和指导功能，为科普志愿者提供最新的科技信息；邀请相关专家，对科普志愿者进行培训和交流。制定了科普志愿工作评选表彰制度。把科普志愿服务与科普工作考核评比表彰结合起来，大力宣传和树立科普志愿者服务典型，总结和推广好的做法或经验。通过健全科普志愿者管理机制，最大限度地调动了科普志愿者服务的积极性，真正达到了"召之即来，来之能干、干有成效"的最佳效果。

开江县科协的科普志愿者以满腔热情、多种形式投身到科普服务之中，创造性地开展志愿服务。农村科普志愿者活跃在新农村建设的主战场。2010 年初，面对低温寡照的恶劣气候，县农学会组织农业科技咨询服务中心（农业 110）的科普志愿者深入农业生产第一线调查研究、现场指导；长岭镇科普志愿者、生姜种植协会能手樊喜胜借助村农民科普培训课堂，普及推广生姜高产标准化种植技术，全年免费培训农户 500 多人次；开江县科协组织的以退休老专家唐科湘为代表的科普志愿者宣讲团，深入田间地头，与农户交流科技种植养殖心得，传授致富经验，为科普志愿者组织服务新农村建设树立了良好的形象。科普志愿者活动成为城区文明创建活动中靓丽风景。县科协充分整合辖区科普资源，组织开展贯彻《全民科学素质纲要》科普知识巡展、"科学生活、乐在家园"科普文艺表演、

"科普读书会"等特色活动。社区科普志愿者张小平把橘子皮、酒瓶等生活废品制作成小工艺品，向周边居民传授变废为宝的窍门，成为"节能减排"新亮点。医疗科普志愿者"承包"清河广场的两个科普画廊，按照每月一主题的要求，介绍治病防病知识。县科协和青少年科技辅导员协会组织科普志愿者，义务担任日全食观测讲解员，在社区居民和青少年学生中开展日全食天文知识讲座12场次，发放宣传资料2万余份，营造了全社会"学科学、用科学、讲科学"的良好氛围。县医学会组织医疗科普志愿者针对"手足口病"、"甲型H1N1流感"等防疫工作重点，深入村、社区、校园开展疾病防治知识讲座和科普宣教活动；就心脑血管和糖尿病等常见疾病的防治知识、科学养生、科学饮食等保健方法举办专题讲座。

☞ [案例4]

河北省唐山市丰南区科协三条措施打造高素质大学生志愿者队伍

自招募大学生志愿者参加科普工作以来，丰南区科协本着对每一名志愿者认真、负责的态度，始终重视志愿者的管理工作，努力打造一支高素质的大学生科普志愿者队伍。

重管理，建制度。区科协领导班子高度重视大学生科普志愿者的管理工作，按照《唐山市大学生科普志愿者管理办法》的相关规定，在实践中探索建立了行之有效的具体管理办法。一是上站制度。为了及时准确地了解每名志愿者在所在服务乡镇的工作情况，区科协每月组织大学生科普志愿者召开一次工作汇报会，听取志愿者当月工作汇报，并布置下月工作任务。二是布置"作业"。制订了《大学生科普志愿者纲性目标要求》，规定每名志愿者每月以电子文档的形式，向唐山科普在线、丰南科普网至少报送 2 篇科普工作信息；每月至少编辑、发放 1 期《科普明白纸》，内容可以是农业科技知识、健康生活常识、科普工作简讯等。三是总结表彰制度。为了鼓励在工作中具有突出表现的大学生科普志愿者，区科协根据每月及全年考核结果对志愿者进行精神以及物质奖励。

严督导，促奋进。为了加强对大学生科普志愿者的督导，按照区科协制定的大学生科普志愿者管理制度，由科协领导及主管此项工作的负责人对志愿者考核评分。内容包括：每月工作汇报情况、"作业"完成情况、业务知识测试成绩、信息反馈情况等。另外，区科协领导会不定时到志愿者所在服务乡镇进行督导，及时掌握志愿者实际工作状况，并对工作中存在的问题进行帮助解决。考核评分和不定时下乡督导的成绩将纳入年终考核总成绩。考核后对成绩突出的志愿者给予表彰，以此来鼓励、促进志愿者们集体进步。

勤激励，见成效。2010 年初，经区科协综合考评，对 2009 年度在各自服务岗位上表现突出的 7 名大学生科普志愿者进行了表彰，给予了精神及物质奖励。其中，市级先进个人 4 名，区级先进个人 3 名。对先进大学生科普志愿者的奖励制度很好地促进了受表彰的志愿者更加积极上进，同时也激发了全体志愿者投身科普工作的热情。特别是在 2010 年开展的"百万农民大培训"工作和配合区委区政府的拆迁工作中，志愿者们积极投身工作一线，组织开展各类宣传活动 40 次，解答群众咨询 1200 人次，发放各类宣传材料 10000 多张（册）。深受广大农民群众的欢迎和好评，并得到了所在服务乡镇党委、政府的充分肯定。

（摘编自唐山市科协网文章；原作者崔璇）

四、结合当地实际，加强科普设施建设

科普设施是科普工作的硬件条件，也是科普工作的重要基础。科普资源需要依托科普设施共建共享，科普宣传也需要科普设施作为载体。《科学素质纲要》在科普基础设施工程的任务中提出，要发展基层科普设施，拓展和完善现有基础设施的科普教育功能。为此，很多地方的县级科协投入大量物力、人力，加强科普设施建设，以集成科普资源，推动科普宣传工作的顺利实施。

☞［案例1］

黑龙江省尚志市科协在学校中建立电子科普书屋，有效地增强了科普工作效果

近年来，尚志市科协积极探索新形势下加强未成年人科学普及工作新途径，在教育系统进行了建立电子科普书屋的有益尝试。尚志市科协首先选择了一直非常重视学生科学普及教育工作的尚志市一曼中学进行试点。尚志市一曼中学是一所完全中学。该校在市科协支持下，投资9.8万元购置了2万册图书和一套含有15万册图书的电子图书系统，利用学校电脑学习室建立了电子科普书屋。同时，一曼中学组织购置了网络服务器，开通了校园网，积极利用电子科普书屋向学生开展科普宣传和教育工作。

该校按班级组织学生进行培训，辅导学生注册使用电子科普书屋，引导学生使用电子科普书屋进行阅读。同时采取举办"我最喜爱的一本电子书"、"我的科普小制作"等多种形式的科学知识及实践活动竞赛，使

学生形成了阅读科普读物、学习科普知识、运用科学知识的浓厚氛围。现在，该校所有学生都有自己的注册账号，并能熟练地进行查找和阅读，每年学生登录阅读量都在 20 万次以上。一曼中学还建立了学校网站，进一步扩大了电子科普书屋的普及范围，增强其使用效果。

电子科普书屋的建立，做到了充分利用现代网络技术开展科普教育，增强了科普工作的吸引力，使学生爱看、喜欢看、经常看，养成把网络当成学习工具的良好习惯，对消除网瘾等不良习惯起到了积极的引导作用。同时，学校根据在校学生多数是普通百姓和进城打工人员子女的实际情况，采取一个密码随时随地登录的方式，组织学生引导家长登录学习科学种养等科普知识，开展社会性科普活动，扩大了覆盖人群，增强了科普示范效果。目前，尚志市科协正在按照典型示范、扎实推进、逐步普及的工作思路，与有关部门密切合作，积极在全市各中小学校开展电子科普书屋推广工作。

☞［案例2］

宁夏回族自治区平罗县科协积极推进 科普站栏员建设，提升基层科普服务能力

近年来，平罗县科协按照"宁夏千村科普站栏员

建设工程"的部署和要求，在平罗县委、政府的领导以及县直属有关部门的通力配合下，采取多种措施，不断推进科普站栏员建设，提升了基层科普服务能力，促进了《全民科学素质纲要》在基层的落实，推进了公民科学素质建设。

在推进科普"站栏员"建设工程工作中，平罗县科协创新工作思路，始终坚持政府引领、科协牵头、社会部门协作参与的原则，联合文化旅游局、农牧局、组织部、工会、卫生局、科技局、信息中心、计生局、地震局和农村专业技术协会、科普示范基地、种养殖流通大户等社会资源，共同推进基层科普站栏员建设工程。平罗县科协把科普"站栏员"建设任务分解到每一个乡镇、街道，以年、季度为单位，定阶段任务、定完成时间、定考核目标，保证了站栏员建设的稳步进行，目前已建成各类科普活动站534个，并使平罗县科普"站栏员"村和社区编辑、制作的科普挂图和展板的配套率达到了90%以上。同时，科普宣传栏内容能够结合工作重点，定期更新，使乡镇、村科普宣传栏能够坚持每两月更换一次，街道科普画廊和社区科普宣传栏内容每月更新一次，切实为广大群众提供了及时有效的科普信息服务。平罗县科协还积极争取中国科协、财政部联合实施的"科普惠农兴村计划"项目，获奖单位利用以奖代补资金建设科普惠农服务站3个，并及时开展科普活动。

2008年，平罗县科协抓住平罗县委、政府将新农村信息化建设列入县"十大民生工程"的机遇，整合组织、科技、电信、信息中心和各乡镇资源，建设科普信息服务站284个，设立专、兼职科普信息员120名，并利用宁夏"三农呼叫中心"、农业12316视频服务等科普涉农资源，开展多种形式的农业科普服务工作。近年来，科普信息服务站除了利用强大的信息网络功能为农民开展产前、产中、产后的信息科技服务外，还利用"宁夏三农呼叫中心"视频网络功能，随时随地联系专家为农民开展视频培训讲课，解答农业疑难问题。结合新农村"信息入户"工程在农村基层的深入推进和50万农民学电脑培训工程的开展，依托科普信息服务站，开展了大规模的新型农民信息化培训。由信息员对农村部分党员、科技致富人才、农技人员和青少年农民开展计算机操作、互联网应用和农产品网络销售等内容的培训，每年培训人数达11000余人，提高了农民信息化意识，引导农民真正走进互联网时代。平罗县科普信息服务站自建成以来，围绕农业产前、产中、产后的各个环节为农民提供种养分析、实用技术、病虫害防治、价格行情等信息，不仅启发了农民信息化意识，改变了传统守旧的农业生产方式，而且每年为农民提供信息查询51120次，发布各类供求信息17040条，反馈当地农副产品行情和综合信息3048条。平罗县马铃薯、西瓜、玉米、清真牛羊肉、辣椒酱等50余种农产品初步实现了网络销售，拓展了基层科普服务能力。

平罗县科协围绕贯彻落实《全民科学素质纲要》，积极实施"宁夏千村科普站栏员建设工程"，努力提升科普站栏员建设水平，增强基层科普服务能力，让科普惠及广大群众。据统计，平罗县累计投入站栏员建设资金677.4万元，建设各类科普活动站534个（含农家书屋），其中村、社区科普活动站102个，科普信息服务站284个，科普惠农服务站3个，农家书屋145个，配备电脑、投影仪、电视、音响、影像制品、LED电子屏幕等15233件（套），配置、更新科普书籍14.5万册（套），建设科普宣传栏125个，450延长米（含科普画廊）。每年更新4次以上的占70%以上，配置专、兼职科普宣传员和科普信息员285人，有力提升了基层科普服务能力，使平罗县科普站栏员建设初步形成了科协牵头、部门协作、全员参与、共同投入的新格局。

平罗县科协针对全县农村人口比例相对较高，且文化科学素质较低的实际情况，把科普工作的重点放在农村和城市社区，坚持面向基层农村，动员各级组织，充分利用建设的各类科普站栏员的科普设施，积极开展不同类型的科普活动，推广普及农业实用技术等科学知识，开展科普服务。特别是利用"科技周"、"科普日"、科技、文化、卫生"三下乡"、科教进社区等大型科普活动，较好地向广大群众宣传普及科学技术和科学知识，受益群众达45万人次，提高了公众的科技文化素质。平罗县绿丰农副产品流通协会，利用"科普惠农兴村计划"奖补资金购置了LED电子屏幕、投影仪、电视、VCD、图书、桌椅等器材，成立了绿丰科普惠农服务站，在2010年编印了《番茄栽培技术手册》科普资料8000册发到种植户手中，宣传普及番茄种植实用技术，今年又引进液态地膜新技术，并召开示范推广现场会，培训科技示范户75人，并现场演示了喷施造膜技术，受到了群众好评。

（摘编自中国科协网文章；原稿由平罗县科协徐尚明、赵文象供稿）

☞［案例3］

浙江省宁波市江东区科协
建设老年科普设施——老年科普乐园

为弘扬中华民族传统美德，进一步推进助老工程建设，使全区老年人能够共享经济、社会发展成果，江东区科协在原有11个特色科普设施建设的基础上，指导东胜街道在嘉和颐养院开辟"阳光童颜"——老年科普乐园，为江东区开放式社会助老养老工程提供科普服务的重要平台。

老年科普乐园以关注、帮助老年人追求科学养生知识为目标，积极向老年朋友宣传科学健康知识和养生方法，倡导科学生活理念，崇尚科学健康精神，不断提高晚年的生活质量，是全市首家以老年人为主要对象的特色科普教育基地。

老年科普乐园的科普基础设施主要包括"精神氧吧"、"益智乐园"、"益生养吧"、"康健园"、"科普画廊"、"科普大舞台"、"银梦亲情园"、"心灵驿站"等8个功能区及其他辅助设施。"精神氧吧"设有阅览室，有各类图书、杂志、报纸等，还购置3台电脑供老人上网浏览和视频聊天。"益智乐园"置有老年健身玩具、各种棋类、魔方、古典玩具等。"益生养吧"设有按摩椅、电视机等。"康健园"有老人康复专用的运动器械和健康训练区。"科普画廊"可举办各类展览。"科普大舞台"可举行各类露天演出活动。"银梦亲情园"可容纳80多人观看电影或开展亲情活动。"心灵驿站"是心理咨询室，有心理专家为老年人进行心理咨询。

☞ ［案例4］

山东省高唐县科协创新工作思路，打造科普新设施

近年来，高唐县科协在实施农民科学素质行动中，创新工作思路，打造科普新设施。

一是建立新农村信息综合服务平台。为进一步整合科普资源，发挥远程教育在新农村建设中的科普宣传作用。县科协积极配合县委组织部、网通公司，依托全县农村党员干部现代远程教育网络，着眼提高农村干部群众的科学文化素质和致富能力，建立了公益性、开放式语言、视频综合服务平台。新农村信息服务平台由新农村热线和宽带音视频两个系统组成。农民群众通过拨打新农村热线电话9600和9700或操作宽带音视频设备直接向涉农部门座席专家直接咨询有关农业技术、畜牧水产养殖、林业果树技术、优生优育知识、劳务输出就业等七个相关方面的知识，实现了为农民群众提供全天候的服务。

二是开辟远程教育频道科普宣传栏目。为更好地服务于社会主义新农村建设，县委组织部、县广播电视局、县科协共同打造针对农村群众观看的电视科普栏目，在县电视台远程教育频道开辟了《科普知识》、《致富向导》、《实用技术》等科普宣传栏目。栏目于

2008 年 7 月 1 日正式开播，内容涉及生活健康常识、农业科技种植养殖技术以及天文、地理、自然等科学探秘，通过播放科普节目扩大了科普宣传教育的覆盖面，提高了农民科学素质和科技致富能力，深受广大农民的欢迎。

（摘编自江北水城科普网文章；原稿由高唐县全民科学素质工作领导小组供稿）

☞［案例 5］

重庆市涪陵区科协聚力
推进"五大科普设施"建设

科普设施是开展科普活动的基础。为了深入贯彻党的十八大和重庆市科协四大精神，紧紧围绕"三服务一加强"的科协工作定位和全区中心工作部署，涪陵区科协 2013 年起加大科普设施建设力度，整合各方资源和力量，着重从五方面夯实科普基础设施，加速增强科普持续服务与发展能力。

涪陵区科协的具体做法是：①加快推进涪陵科技馆项目建设前期各项工作，争取多方支持与合作，力争尽早开工建设。②筹建涪陵首个大型 LED 电子科普显示屏；巩固更新（涪陵体育场旁）涪陵超大型科普画廊；完善各乡镇街道标准科普画廊，制定科普画廊管理办法。③巩固完善农村科普"站、栏、员"建设，示范推广新型"站栏员"，强化指导和服务。④继续完善涪陵科普网络共享服务平台，增加服务功能，充实科普数据库，同时逐步推进基层科协、学（协）会、企事业科协网站建设。⑤积极探索与推动不同权属科普资源的集成共享，建立多方参与、协同合作的多个科普资源共享平台。

（摘编自重庆科协网；原稿由涪陵区科协供稿）

五、积极创造条件，完善科普活动机制

任何工作要长久持续地做下去，都需要有健全的机制作为保障，科普工作也不例外。不仅人员需要有效地管理，才能在科普宣传工作中发挥更大的作用，科普基础设施也需要有效地管理，才能高效地运营和充分发挥作用。许多地方的县级科协在这些方面，积极创造条件，不断完善科普活动机制，使科普资源得到充分共享，科普宣传工作做得有声有色。

☞ [案例 1]

上海市浦东新区科协创立社区科普评估办法，破解社区科普工作管理难题

社区是城镇的基本单元，也是城镇居民的生活场所。在许多城镇，由于各种原因，社区科普工作管理是科协工作的难题之一。

2008 年，浦东新区科协创立了《上海市浦东新区社区科普工作评估办法（试行）》（以下简称《科普办法》），以管理机制创新为突破口，着力探索街镇科普工作新模式，在组织规范化、工作制度化、活动常态化上取得了初步成效，社区科普呈现出"领导重视，目标明确，干群努力，措施到位，推进有力"的良好发展态势。

多年来，社区科普工作始终存在着管理不规范和发展不平衡的现象。区科协经过调查研究，认为原因是：①街镇科协组织比较松散。部分街镇科协理事会制度不健全；科协主席、秘书长人选没有统一性；秘书长兼职过多，岗位变动频繁，工作连续性差。②街镇科协经费缺乏保障。大部分街镇科协没有独立财政预算和统一的预算标准，随意性强，有预算也仅在社会事业费总盘子中，没有科普专项经费。③科普工作未列入街镇考核目标。街镇科协秘书长看哪条线抓得紧一点、

联系紧密一点，工作就多做一点，科普工作缺乏规范性。④科协条线上下是指导关系而不是领导关系，上级科协对社区科普工作的管理缺乏刚性约束。因此，解决当前社区科普存在随意性和发展很不平衡的问题，必须根据浦东新区科普工作实际，以贯彻《纲要》指导，着力构建规范化的科普工作目标管理体系，建立行之有效的工作激励机制。

《科学素质纲要》的颁布和实施，全国科普示范城区的创建，浦东综合配套改革试点等，为制定《科普办法》创造了良好条件。2008年，浦东新区科协按照"重心下移、联合联动"的科普工作思路，在认真总结多年街镇社区科普实践经验和不足的基础上，探索性地制定和颁布了《科普办法》。通过在街镇科协推进实施社区科普"工作保障、工作内容、特色项目、创新能力、工作成效"五个方面组成的测评指标体系，对街镇全年的科普工作进行跟踪评估。《科普办法》规定了各项工作的分值指标：一是街镇科协必须按章程召开理事会和换届，否则评优时一票否决。二是对担任街镇科协主席、秘书长的岗位人选和职级作出限定；对科普工作列入班子议事日程，街镇主要领导带头参加重大科普活动提出了要求。三是科普经费列入同级财政预算，街道人均2元以上，镇人均4元以上。四是科普硬件设施设固定分值，软件活动设开放分值，对科普特色内容和创新方式设高权重分。五是实行引导经费和评优奖励，每个单位按 1 分值 x 元 × 本单位得分 = X 引导经费；以得分值排名，不另行考评，按 25% 的比例评优。根据跟踪测评结果，基层科协将获得相应的配套经费支持和择优奖励。六是委托第三方进行跟踪测评。《科普办法》的颁布和实施，重点是构建优化的科普工作体系和评价标准，突出调动街镇科协的主动性和创造性，目标是全面提升社区科普工作的质量和水平。

2009 年，《科普办法》在浦东新区 12 个街道试点取得初步成效。2010 年，经过进一步修订完善后，又在全区 38 个街镇中全面推广。上半年的跟踪测评结果表明，《科普办法》在重大科普活动中突出发挥了引导激励作用，在推进社区科普管理规范化、工作制度化、活动常态化上取得了明显成效。《科普办法》建立了贴近浦东新区发展实际的社区科普工作体系和工作标准，特别是在南汇区"划入"浦东新区的新形势下，它为社区开展科普工作提供了指导依据，为基层争取科普资源创造了条件，受到基层科协的普遍欢迎。在 2010 年全国科技活动周中出现了"四多"现象：一是各街镇主官亲自筹划、决策科技周活动的现象多了；二是党政主要领导积极参与科技周活动的多了；三是科技周活动经费增多了。据上半年对科普经费使用情况统计：2009 年全区 38 个街镇共投入科普经费 306 万元，平均每个街镇 8 万元；2010 年仅上半年已投入科普经费 343 万元，半年平均每个街镇投入 9 万元；四是科普活动的联动项目增多了。许多街镇积极承办区级重点科普活动，进一步扩大了科普的社会发动面和市民受益率。

从实践结果看：《科普办法》的实施，突出增强了社区科普的组织力度，极大地调动了社区科普工作的积极性、主动性，使社区科普工作规范化、制度化和资源整合得到进一步加强，也为浦东区科普事业的可持续发展打下坚实的基础。

☞［案例 2］

四川省米易县科协通过建立农民教师激励机制，达到良好的科普宣传效果

农民教师的身份是农民，他们要为自己的生计劳作，培训其他农民既要占用挣钱时间，又要损失独享技术的利润空间。因此，针对农村能人普遍不愿将技术传授给他人的实际情况，用制度引导农民教师培训广大农民，是培养造就一大批高素质农民教师的终极目标和农民教农民培训计划得以落实的关键。为此，米易县科协采取了三项激励措施：一是经济奖励。每年对农民教师进行一次考核评比，根据学习成绩和工作业绩发放奖金。二是优先推荐农民教师参与上级的

科普惠农兴村先进个人、农村致富能手、优秀农村人才等评优表彰活动。米易县核桃协会农民教师孙登武被中国科协和国家财政部表彰为科普惠农兴村先进个人，草场乡枇杷协会农民教师杨利贵被攀枝花市人民政府评为十佳优秀农村人才。三是由协会向农民田间教师颁发聘书，大力宣传他们的先进事迹，在会员和广大农民中营造尊重农民教师、鼓励技术交流、倡导无私奉献的良好氛围。

☞［案例3］

四川省大英县科协强化保障，建立站栏员建设管理长效机制

从2006年以来，大英县科协以加强农村科普基础设施和科普服务体系建设为重点，大力推动科普惠农兴村"一站、一栏、一员"建设，努力探索"站、栏、员"建设管理长效机制，加强领导，强化各项保障，不断创新形式，积极开展及时、周到、长期、有效的科普惠农服务，助力新农村建设，得到上级领导的充分肯定和科协同仁的认可和赞赏，受到广大群众的普遍欢迎。2006年10月1日，中共中央政治局常委、国务院总理温家宝来大英视察大英新农村建设时，看到科

普宣传栏，夸奖科普宣传到村的方式好。目前，大英县已建成科普惠农宣传栏271个，科普活动室271个，科普图书室271个，配备科普员277名，组建科普惠农服务队30个。

大英县科协的主要做法是：

（1）加强领导，落实责任，强化"站、栏、员"建设管理组织保障。专门成立大英县科普惠农兴村"站、栏、员"建设管理工作领导小组，各镇乡建立了相应的领导小组，层层落实责任。县委、县政府将"站、栏、员"建设管理工作纳入各镇乡、部门年度目标考核内容，把"站、栏、员"建设工作作为申报科普惠农兴村计划项目的条件；县委、县政府督查室定期和不定期作专项督查，并明确奖罚。

（2）因地制宜，制定规划，强化"站、栏、员"建设管理质量保障。一是制定"站、栏、员"建设工作规划；二是做到宣传栏样式多样，美观耐用；三是统一刊头名称，并在两边留有广告位；四是统一制作服务站吊牌；五是统一配备科普员。

（3）整合资源，共建共管，强化"站、栏、员"建设管理资金保障。一是县财政匹配建设资金。将农村科普"一站一栏一员"建设纳入新农村建设项目，凡新农村建设点"一站一栏一员"建设经费统一在新农村建设公共经费中列支，其余村给每个栏补助200元。二是整合资源，广辟建设和管理资金渠道。采取

"四个一点"的办法筹集"站、栏、员"建设管理经费，即县科普经费出一点，争取省、市科协补一点，县直部门赞助一点，市场广告运作找一点。齐抓共管，建立管理资金投入制度。2009年，县科普工作协调领导小组、县全民科学素质工作领导小组专门出台了《关于做好科普画廊及科普站、栏、员共建共管工作的通知》，明确各部门共建共管工作目标任务2000～5000元/年，并纳入部门年度目标考核内容，进行督查。共建共管资金统一由县科协统一收取，专款专用，实现共建共管。

大英县科协还充分运用宣传栏广告位市场运作筹资。吸引商家、企业、有关学校、医院、农技协等有偿使用宣传栏广告位。

大英县科协每建一个科普宣传栏的平均费用是1500余元，省补助每个宣传栏的基本经费是500元，县财政匹配每个补助200元/年，每年部门筹资约6万～7万元，市场化运作的收益有6万～7万余元，县科普经费每个补助200元/年，既弥补了建栏经费的不足，又为有效维护好、管理好"站、栏、员"设施工作提供了有力的资金保障。

（4）选训结合，提升能力，强化"站、栏、员"建设管理人才保障。一是坚持高标准选用科普员，80%的村科普服务站由村长担任；二是专门聘用了48名大学生村官做科普员；三是加强科普员培训，提升工作水平。

（5）管理到位，明确奖惩，强化"站、栏、员"建设管理制度保障。一是制定《科普惠农兴村服务站工作管理内容》；二是制定《科普惠农兴村技术员工作职责》；三是实行考核奖惩制度。县委、县政府将"站、栏、员"管理工作纳入各镇乡新农村建设目标考核。

☞ ［案例 4］

上海市浦东新区科协以科普基金为支点，撬动社会科普投入

2002 年《科普法》颁布，2003 年浦东新区创立科技发展基金"重大科技科普活动专项资金"，每年有 800 万～900 万元的经费投入，以此为支点，浦东实现了以 1:10 倍吸引和撬动社会各界对科普投入的热情，一个个科普场馆、社区科普阵地、重大科普活动等纷纷落户浦东。

浦东开发开放 12 年，吸引了大批的高科技企业纷纷落户浦东，同时，也导入和丰富了浦东的社会科普资源。如何使高科技企业打开厂门，在文化展示、产品展示中融入科普元素，并以趣味性、互动性吸引公众，

使公众走近高科技生产流水线和产品展示厅，在欣赏科学技术成果的同时，接受科学知识的普及，引导公众树立科学的创新精神，需要探索形成政府、社会、企业、公众多元投入科普的发展格局。但企事业单位由于场地、经费、人员等原因，缺乏主动性、积极性，为了破解社会投入科普事业积极性的瓶颈，找准支点，建立社会对科普投入的政策引导机制成为浦东科普工作的当务之急。

2003 年，经浦东新区政府批准，浦东新区科协、科委在调研的基础上，从浦东科技发展基金中专设科普重大活动资助资金。通过政府主导，积极引导社会资源参与科普，激励吸纳社会资金投入，共同推进科普基础设施建设。浦东新区成为上海各区县中以政府主导基金的形式扶持企业、事业单位参与科普的首家单位，浦东科普基金的创立，探索了科普社会多元化投入模式，创新了科普投入机制。科普重大活动资助资金重点对具有社会影响力、体现社会公益性的大型科普展馆、企业生产线、社区科普设施和大型科普活动进行引导性资助。通过政府的资助，鼓励企业、高校、社区等加强对科普的投入，并积极争取创建市级示范基地、市级科普示范项目。同时制定了《浦东新区科技发展基金科技科普资金操作细则》，主要面向社会征集项目，由浦东新区科协具体受理浦东科技科普重大活动资助项目。操作程序规范，包括网上申请、评审、复核、审批、签订合同、跟踪验收等程序。

浦东新区运用政策引导机制，通过科技发展基金对重大科普活动资助，加大对科普的投入，收到了良好的社会效果。基金运作 7 年，超过 10 倍的社会资金投入科普事业。基金运作重点是引导社会资金的投入，发挥"四两拨千斤"的作用。据统计，2003—2009年，浦东科技基金按 30% 比例成功引导支持 286 个项目，其中支持科普基地、社区科普设施、重大科普活动项目 76 项，投入引导经费 1174 万元，吸纳社会资金1.2 亿元。

加强科普设施建设，有效扩大了公众科普的受益面和普及率。有效的政策支持，使浦东短短几年中形成了以上海科技馆为龙头，专业场馆、社区基地、高科技生产线为一体的社会化科普网络。建有 59 家科普教育基地，其中 18 家国家级科普基地，24 家市级基地，8家专业科普场馆，是上海市各区县中基地数量最多，展示面积最大，科技含量最高，接待人次最多的单位。上海中医药博物馆、上海东方地质博物馆、上海银行博物馆的建设项目被列为 2004 年上海市科普实事工程；浦东新区科协推出了"三个五科普实事工程"，即在社区建设 5 座科学体验馆、50 座社区科普画廊和 500个电子科普宣传屏，项目的建设被列入 2007 年度浦东新区的实事工程。

从实践结果看：科普专项基金的实施，突出改善了浦东新区科普事业发展的生态环境，在引导社会力量投入科普的作用上十分明显，已经推动建成具有区域特色的优质科普教育基地资源体系，取得了良好的社会效益，扩大了科普工作的社会影响力。

☞［案例5］

山东省临朐县科协用严格有效的机制保证"阳光工程"的培训质量

阳光工程是由政府公共财政支持，主要在粮食主产区、劳动力主要输出地区、贫困地区和革命老区开展的农村劳动力转移到非农领域就业前的职业技能培训示范项目。按照"政府推动、学校主办、部门监管、农民受益"的原则组织实施。旨在提高农村劳动力素质和就业技能，促进农村劳动力向非农产业和城镇转移，实现稳定就业和增加农民收入，推动城乡经济社会协调发展，加快全面建设小康社会的步伐。

临朐县科协在近年的"阳光工程"培训工作中，建立了一整套严格的机制，确保了培训的质量。他们的具体做法包括：

一是培训基地认真制定教学计划，选聘优秀教师，精心准备授课内容，确保培训质量。制定了《考场规则》、《学籍管理制度》、《学生守则》、《教学班管理制度》、《辅导教师职责》等管理制度，使培训制度化、规范化、科学化。

二是坚持上好培训第一课。如"阳光工程"办公室的同志在第一节课，严格检查招生情况，核实学员身份，讲解职业技能培训的重要性和国家实施阳光工程的重要意义。与县财政局的人员一起将培训券发放到农民学员手上，介绍培训券的使用方法，讲明政府补助金额等。培训基地每举办一次培训班，都进行录像，然后编辑成光盘，在县电视台播放，加大了"阳光工程"的知名度和宣传力度。培训结束后，培训单位向学员颁发由县"阳光工程"办公室统一印制的结业证书。县"阳光工程"办公室还通过发放调查问卷、学员回访等有效形式，对学员进行核查，确保学员学习效果。

三是认真编写教材，增强培训的实用性。县科协根据2010年新形势的要求，结合本地实际，聘请有关部门的业务专家，组成教材编写组，编纂了《农村专业合作组织基本知识》、《动物防疫知识手册》、《法律法规知识》等实用教材，大大提高了培训效果。还聘请了专职教师15名。

四是对去企业工作的学员，"阳光工程"办公室与各培训基地进行跟踪调查，通过电话抽查、走访学员、召开座谈会等形式，了解学员所学的知识是不是真正为企业所用，了解工作生活情况，协助用人单位加强管理，解决有关困难和问题。

五是 2010 年县"阳光工程"办公室召开了多次培训基地分管领导和工作人员会议，调度工作进展情况，专题研究工作措施、工作办法，促进了"阳光工程"的顺利实施。

第四章
服务区域经济发展

　　发展壮大区域经济，优化产业结构，加快转变经济发展方式，促进城乡和区域协调发展，对于我国建成小康社会具有重要意义。

　　科协组织作为党和政府联系科技工作者的桥梁和纽带，依托自身优势，通过开展一系列工作来服务区域经济发展，是贯彻落实"三服务一加强"的重要体现。在服务区域经济发展的过程中，科协组织承担着提高公民科学素质，引导广大人民群众科技致富，协助政府开展决策咨询等一系列任务。

　　一些地方的县级科协和基层科协积极面向经济发展的主战场，发挥自身优势，深入基层开展工作，做出了突出业绩。其中，有的通过技术服务和技术培训，推广新技术、新品种、新方法，引导农民科技致富、增产增收；有的通过组织农民，开展集约经营，开辟营销渠道，为农民走向市场架桥铺路；有的通过智力支撑，帮助产业升级，改善经济结构，提高产品质量和产量。

一、引导农民科技致富

如何推动传统农业发展转为依靠科技进步和提高劳动者素质的轨道上来，真正促进农业增产、农民增收？一些地方的县级科协和基层科协在深入贯彻党和国家发展经济、惠农富农的政策方针和推广中国科协提出的"科普惠农兴村计划"的过程中，结合当地经济发展的实际需要，想农民之所想，急农民之所急，注重引导农民走科技致富之路，收到明显实效。

☞［案例1］

山东省济阳县科协坚持"四项引导"，促进农民科技致富

近年来，济阳县科协把增加农民收入作为工作重点，采取"四项引导"措施，促进农民利用科学技术提高致富能力。

一是思想引导。组织所包村部分群众到先进村科技示范基地参观学习，开阔了群众视野，拓宽了群众科技致富新思路，增强了科技致富的紧迫感。

二是技术引导。整合农村技术资源，利用远程教育、新农村大学堂、科技书屋等科技信息传播工具，引导农民学技术，学经营。组织科技人员、聘请市县农业专家到村入户，开展种养殖、田间管理等农业技能培训，提高农民依靠科技致富的能力。

三是组织引导。帮助科技致富领头人组织各种形式的农村经营组织，形成组织紧密，技术引进、消化能力强的科技合作团队；帮助农业龙头企业与分散的个体农民组成各种形式的利益联合体，实现农民科技致富。

四是示范引导。搞好农业科技示范工程，发挥农业科技示范园、科技示范村、科技示范户的示范辐射带动作用，做给农民看，领着农民干，引导农民利用科学技术发展设施农业、循环农业、生态农业等现代农业模式，通过提高农业现代化水平发家致富。

（摘编自山东省科协网文章）

☞ ［案例2］

四川省蒲江县科协充分发挥引领作用，帮助农民增产增收

近年来，蒲江县科协充分发挥科协的引领作用，为农民服务，带领当地农民走上专业化、规模化、标准化的农业发展之路，帮助农民增产增收。

　　蒲江县科协指导果品协会组建果树专业修剪嫁接队，专门负责给协会的会员和果农提供有偿性的果树修剪嫁接服务。此举为蒲江县各种水果结构调整和质量的提高起到了非常好的作用，不仅没有耽误农活，还使修剪嫁接队员年人均增收0.4万元以上。除此之外，蒲江县科协还指导农民组建专业采果队，专门负责成熟销售季节的果品采摘，保证了采果的质量，让客商和果农都很满意。采果队员年人均增收0.6万元以上。

　　为帮助农民开拓产品市场，蒲江县科协指导农民组建专业营销队，专门对成熟了的果品进行收购销售，实现了生产者不愁销，经营者不愁货的良性循环局面；组织搭建供销网站，实现了网络化信息服务，为会员和营销客商及时提供快捷有效的产销网络信息，确保产销顺畅。高效的网络信息服务让果品协会的营销服务形象大大提升。不仅如此，蒲江县科协帮助果品加工企业建立果品加工生产线，大大提高了果品的附加值，仅此一项就能为营销会员和外来客商增加销售收入千万元以上，为巩固协会发展和增加会员收入奠定了坚实的基础。

　　蒲江县科协充分发挥组织引领作用，通过生物农资超市规范了农药、化肥的正确合理使用，使会员和果农树立了绿色无公害的果品生产意识，有力地保证了果品安全质量。在此基础上，蒲江县科协还组建标准化生产基地，开展标准化生产，提升产品质量，打造绿色无公害品牌。

☞［案例3］

科协架金桥，盐亭30万农民靠科技搭上致富快车

"今天我的鹅又卖了好价钱，要不是县科协的支持，哪有这种境况哦！"2012年元旦期间，四川省绵阳市盐亭县养鹅协会会员、两河镇后溪新民村农民汤分勇在谈到县科协对他养鹅的支持时喜滋滋地说。汤分勇在该县科协的帮助下走上了科技养鹅的富裕路。2011年，他家仅养鹅、孵鹅收入就达100多万元。

像汤分勇一样的农民通过农村实用技术走上富裕路的农民在盐亭县正在不断涌现。如今，该县各类协（学）会有100多个，实现了城乡全面覆盖，成为推动该县农业增效与农民增收的好帮手。

自2006年以来，盐亭县科协及所属农技协先后与中国农科院、四川农业大学、四川省畜牧科学研究院、成都大学、西南科技大学以及意大利、泰国、马来西亚等国科研机构和企业联姻，实行校企联合，开展技术交流，建设合作项目，整合资源，延长产业链，为实施

品牌战略和产业改良升级提供坚强的技术支撑。同时，县科协积极为产业发展大户融资、贷款等提供协调服务，解决他们的后顾之忧，使其在产业发展中不断壮大。"先成熟、先推广，不成熟、先培养"。以农技协会为依托，县科协选择重点帮扶目标，做到轻重缓急，张弛有度，使县农技协有序、健康、可持续发展。将国家法定科普日、科普宣传周、科普宣传月与日常科普宣传有机结合起来，因势利导、因地制宜推进科普工作。6年来，先后深入全县30多个镇乡赶科技场，用生动活泼、群众喜闻乐见的形式进行科普宣传，为乡镇群众现场义诊、义务上课培训，把科技致富的金钥匙送到千家万户。通过县科协的不懈努力，目前，全县各类学（协）会共105个，平均每个镇乡各类协会有2～4个，挑起了农民致富增收的大梁。

盐亭县有着丰富的养鹅资源，但由于技术缺乏，过去农民养鹅仅仅是赚点油盐钱。县养鹅协会成立后使养鹅业出现了巨大变化，2011年，盐亭县鹅业收入达到2亿多元。县产业技术发展协会副会长陈伟以协会为支撑，建起衣禄山生态肉鸡养殖科普示范基地与衣禄山速生经济林场，林场栽植速生杨树，林下放养跑山鸡，发展生态循环绿色经济，这一年他家仅养鸡一项收入近100万元。

盐亭县花椒协会成立于1997年，因技术缺乏，使得花椒产（质）量不高。2007年，县科协聘请绵阳师范学院博士作协会产销顾问，使花椒种植与协会组织走上了健康发展路。目前全县花椒种植达1万余亩，发展会员农户5000余户，该协会的青花椒已成为知名品牌，先后在北川、平武、三台、江油、涪城等县市区建立起花椒产业基地。

盐亭县羊业协会现已发展18个分会、5600多名养羊户会员，被评为全省"百强协会"。成立了被评为"省级示范农村专合经济组织"的天府肉羊养殖专业合作社，其龙头企业汇源牧业公司成为全国唯一的"天府肉羊研发基地"和国家"无公害肉羊生产基地"，先后承担了省"十五"和"十一五"等多项科技项目、农业产业项目和中国轻工业联合会无公害食品安全产业链项目。2011年，全县出栏肉羊60万只，产值突破10亿元大关，产品远销泰国、马来西亚等国际市场。

据不完全统计，自2006年以来，盐亭县共有25个农村专业协会被评为绵阳市优秀协会，继县花椒协会被省科协、省财政厅授予"四川省花椒科普示范基地"，县鹅业协会、县绿缘经济林果协会分别被中国科协和国家财政部授予"全国优秀农技协"后，2011年，该县羊业协会又被中国科协和国家财政部评为"全国优秀农技协"。

通过科学技术的普及与推广，促进了盐亭县的产业升级，先后通过"全国瘦肉型猪基地县"、"全国无公害肉羊生产基地"认证，并获得"全国食品先进县"、

"全国产粮产油大县"、"全国食品工业强县"、"全国生猪调出大县"、"全省现代畜牧业重点培育县"、"全省养羊十强县"等称号。如今，该县一大批农副产品正走出盐亭，俏销国内外市场。"嫘祖故里、绿色盐亭"这一品牌效应日渐凸显。

（摘编自《四川经济日报》文章）

二、为农民走向市场铺路搭桥

在经济全球化、产业规模化的社会大环境下，推动县域经济发展特别是农业发展的产业化、规模化、特色化、市场化是时代的一种趋势。要让农民真正走上科学致富之路，除了帮助他们掌握先进的农业技术，还要指导他们紧跟市场需求，加强营销宣传，为他们开拓市场。

一些地方的县级科协及基层科协在工作中注意利用科协及其所属学会（协会）的信息面广、联系社会广泛、专家人才集聚的优势，把农民组织起来，开辟流通渠道，为农民寻找市场、开辟市场铺路架桥，所取得的经验值得借鉴。

☞［案例1］

重庆市铜梁县科协着力培育农村
专业合作示范社，产销联动，助农增收

近年来，铜梁县科协把实施科普惠农兴村计划作为促进农村经济快速发展、农民脱贫致富的重要载体，充分发挥科普示范基地的辐射和带动作用，着力培育农村专业合作社，产销联动，助农增收。到2011年11月底，铜梁县共组建农民专业合作社145家，其中新增38家。注册资金共计3.28亿元，专业合作社参与流转土地22050亩，入社农户5.6万户，入社率达31%。

为进一步把农民专业合作社做大做强，铜梁县科协提出了打造一批亮点科普示范基地和专业合作社的工作思路，把他们培养成为具有示范和带动作用的典型。

"对被列为培育亮点的科普示范基地和专业合作社，我们联合县供销联社一道从帮助制定发展规划入手，理清其发展思路，继而帮助其完善管理制度，使其在规范运行的基础上，从政策、信息、资金、技术、农资等方面得到重点支持。这样，这些科普示范基地和专业合作社就能得到健康长足发展。2011年以来，全县已培育了市、县两级科普示范基地和农村专业合作社10个。"铜梁县科协有关负责人介绍说。

这些科普示范基地和农村专业合作社在商标注册、

产品销售、带动农产品等方面都取得了较大成绩。通过健全制度，规范财务，推广科技，形成了"基地＋专业社＋农户"模式，并成功注册了商标，其产品远销重庆、贵州等地，同时还与永辉、新世纪等超市实现对接。

2010年，高楼蔬菜种植专业合作社被评为"重庆市农民专业合作社示范社"，并被确定为国家级露地蔬菜标准园，高楼蔬菜种植专业合作社社长贾晓东被评为2011年度科普惠农助推"万元增收工程"计划科普带头人。六赢山中药材专业合作社成片规范化种植良种枳壳上万亩，带动600多户农户种植枳壳致富，获得"重庆市农民专业合作社先进示范社"称号和中国技术市场协会"三农科技服务金桥奖"。

与此同时，铜梁县科协还与供销联社联合积极引导农民专业合作社注册品牌，提升农产品市场竞争力。近两年，共引导农民专业合作社培育、注册农产品品牌18个，通过QS认证产品2个，农产品品牌效应不断显现。

（摘编自人民网科技频道文章）

☞［案例2］

重庆市云阳农技协因地制宜地
创办经济实体，带动产业发展

近些年来，云阳农技协在创办经济型实体中，紧密结合县域、乡（镇）域、村域经济实际，大力发展养蜂、养猪、牛羊、家禽、水产、蔬菜、药材、果品等特色产业为主的经济型实体，特别是在近三年新成立的38个农技协组织中，创办公司、企业的农技协有8个，建立农村专业合作社的有16个，申请产品注册商标的有14个。如云阳县养蜂协会，挂靠在重庆蜂谷美地生态养蜂有限公司，建有年产"精灵子"系列蜂蜜1500吨的优质蜂产品深加工工厂，年产10000只优质中蜂种王和2000群蜜蜂的蜜蜂原种场，是一个集蜜蜂育种、产业养蜂、蜂蜜收购、深度加工、市场销售于一体的专业技术经济实体。又如堰坪乡芸山菊花种植协会，挂靠于云阳县芸山农业开发有限公司，建有年产"箐枫菊""观音菊"100多吨的生产企业，实现了中药材的种植、产品开发、加工销售的一体化。再如农坝镇富农山羊养殖协会，成立富农山羊专业合作社，拥有会员（社员）1138户，饲养优质"云巅峰"山羊近10000只，产品供不应求，市场前景广阔。

☞ ［案例 3］

重庆市丰都县高家镇科协教
农民巧用远程教育网络闯市场

"多亏镇科协技术员付和平教我在网上查看了近期海椒、番茄、茄子等蔬菜的行情，这批海椒、番茄发往利川市多卖了 5000 多元，网络实在帮我大忙了。"2012 年 6 月 17 日，重庆市丰都县高家镇汶溪村种植蔬菜大户李文胜借助网络致富的喜悦心情溢于言表。

为增加农民收入，使农民尽快脱贫致富奔小康，高家镇科协从推进农业信息网建设、发挥农业信息网作用入手，完善镇、村两级农业信息网服务站，大力推进文化信息资源共享工程，不断完善农村公共文化服务体系，促进了农村文化工作的快速发展。在高家镇 6 个行政村，5 个社区居委搭建起服务农民的综合文化信息平台，建立了多功能文化大院，设置了电子书屋、阅览室、阅报栏，村民们只要把鼠标轻轻一点，就可以轻松了解致富项目、听专家讲课、了解市场行情，使农产品很快与市场对接，农民足不出村就能获取新政策、新技术、新信息。镇科协还组织科协技术人员深入田间地头，为群众搞好产前、产中、产后的辅导和指导，对农民群众在收看农村实用技术远程教育网络节目中遇到的问题，进行"面对面"的讲解辅导和现场示范，把课堂教学搬到农民的田间地头与现场示范指导结合起来。镇科协还紧扣农民需求，先后从远教平台、互联网和有关部门收集各类培训课件 13 个，内容涉及种养殖技术、蔬菜基地建设、农家乐开发等多个方面，供各村、居委远程教育点选择。利用远程教育网络，农民群众系统学习了蔬菜种植、粮食种植、果树种植、肉牛养殖等农业实用技术，受益农民群众达 3000 余人。全镇先后涌现出杨华、梁复才等种植大户和秦奎琼、谭发阳等养殖大户，产生了一大批在基层群众中有影响力、带动力的新型农民。

（摘编自重庆科协网文章；原稿为丰都县科协供稿）

三、为企业发展、农业产业升级
提供智力支撑

企业发展、农业产业升级，仅仅依靠资金和人员的投入，依然采用传统的生产方式，难以获得快速发展和有效提升竞争力。在新时期经济结构调整、加快转变生产方式的过程中，企业的发展、农业产业升级越来越需要改变发展方式，越来越需要智力支撑，特别是科学技术的支撑。

一些地方的县级科协及基层科协在服务企业发展、

推进农业产业升级的实践中，开拓思路，通过多种方式为当地企业和乡村提供智力支撑，取得明显成效。

☞［案例1］

江苏省南京市秦淮区科协借助项目申报平台加大服务企业创新力度

近年来，南京市秦淮区科协围绕市科协项目申报平台，加强与科技企业、高校、科研单位的联系和协作，以推进项目申报为抓手，在年度工作安排中，将市级项目申报列为工作重点。根据市科协各类项目申报要求，秦淮区科协组织人员深入区内投资大厦、晨光1865等科技产业园区，对符合条件的亿科达、芒冠光电等10多家企业进行项目宣传和动员。自2009—2012年，秦淮区科协已连续4年为9家企业和单位获得市科协"金桥工程"、"海智计划"、"重点学术交流"等9个项目，在服务科技企业、服务科技人才等方面做了大量扎实的工作，并取得了一定的成效。

搭建平台，为企业成长发展完善服务水平。一是与市科技咨询服务中心签订合作协议，成立市服务企业创新专家工作站。依托市科技咨询服务中心，组织行业领域专家，帮助企业制定创新战略发展规划，建立科技企业"托管制度"，为企业开展科技企业认证认定、产品转型升级、企业风投、上市中相关技术领域的评估等专业、高效、安全的咨询和培训。2012 年，走访 30 余家企业，为近十家企业提供了科技项目咨询辅导。二是健全科技企业数据库，搜集梳理区内 200 余家科技企业生产经营、知识产权、科技人才等信息，进一步完善充实秦淮科技企业数据库和高新技术企业培育后备库。积极推荐区内 80 家重点科技企业加入南京市科技型企业数据库。截至 2012 年底，秦淮科技网发布项目申报、人才培训、金融服务等科技信息 60 多篇，借助短信呼平台成功发送科技信息 6000 多条（次），及时将国家、省、市、区科技信息推送至企业。三是开展科技服务。在科技人才培养、科技贷款申请、科技项目申报等工作中，全程介入，打造"启动、跟踪、反馈、完善"工作流程，促使工作实现预期效果。同时，将科技政策、服务方式印成卡片，在区人才办、行政服务中心、招商中心等有可能新注册企业的地点免费向企业发放，让企业能够在第一时间与科技部门建立联系通道，知晓科技政策，享受科技扶持。

加大培育，提高企业自主创新的能力。一是出台科技创新政策。制定了《秦淮区促进科技创新奖励措施》，加大科技投入，对企业积极开展专利申请、科技创业家培养等工作实施奖励，进一步调动企业进行自主研发和技术创新的积极性。二是加大宣传力度。在日常企业走访过程中，向企业负责人讲解最新科技政策，指导项目申报，鼓励企业加强自主研发，提升科技创新能力。三是组织业务培训。围绕推动企业在节能减排、低碳技术、生态环境保护、成果转化等技术方面创新，为驻区29家中小型科技企业的企业领导、研发主管、财务负责人举办"科协服务企业创新创业业务培训会"。带领普住光网络公司、邮电规划设计院等企业6名科技人员参加市第九届青年学术年会和"云计算发展热点与趋势"报告会。通过系列培训工作，加大企业人才培养，提升企业在自主创新、自主研发等方面工作水平。

（摘编自中国科协网文章；原稿为江苏省科协供稿）

☞［案例2］

浙江省嘉善县科协开展专利服务，激发企业技术创新、产业转型升级

近年来，嘉善县科协紧紧围绕经济社会全面转型升级这个中心任务，突出科协组织"三服务一加强"工作定位，大力开展专利服务，帮助企业加快转型升级，在当地企业中有着强烈的反响。

县科协设立咨询部，主要负责培训普及专利知识，强化企业知识产权意识等工作。县科协通过开展专利知识宣讲，提供申报专利服务，不断促进企业知识产

权保护和产品研发、技术革新。

专利培训提升企业转型意识。近年来，县科协咨询部为全县各镇（街道）550多家企业开展了专利知识培训。通过宣传知识产权保护的重要性，着力提高企业负责人技术创新意识，让他们充分认识到开展专利工作的意义和作用，把保护知识产权与提高自主创新能力看作是同等重要的自觉行动。县科协咨询部在培训中采用灵活的宣传方式，每次宣传培训，都结合新修改的《专利法》和有关专利方面的案例，对专利的特征、申报的条件、专利的保护以及专利的合理利用等有关知识进行全面细致的讲解。

技术咨询解决企业工作难题。县科协经常深入企业、落实专人接待对专利问题的咨询、专利的查阅和检索。同时不断指导有关人员学会对专利进行检索，帮助和指导企业完成专利的申报、企业专利被侵权的处理方法、专利转让和专利的评估等。2009年11月，县科协咨询部帮助嘉善一企业维权，去北京国家知识产权局进行口头答辩，在对方聘请了专业律师和证人向国家知识产权局提出嘉善方专利权无效的情况下，咨询部部长通过事前详细的调查和广泛收集资料，用自己所掌握的知识和资料，独当一面，通过激烈的交锋，最终国家知识产权局判决该专利有效，维护了专利权人的合法权益，为下一步专利诉讼，打赢官司起到了关键作用。许多申请人在专利的申报时不会绘图，申报时只提供草图、实样或零散的照片，咨询部人员根据现有的资料，帮助绘图满足申报要求。许多专利申请人还在咨询部人员的指导下，对专利产品作了改进，简化了结构、提高了质量或性能。有时还帮助进行强度和刚度方面的力学计算，使专利产品用材更科学合理。因此，许多申请人都说申报专利在嘉善科协咨询部帮助下最省力、最放心。现在许多企业的老板或科技人员即使遇到其他技术难题也会想到向县科协咨询部求助。

专利申报促进企业创新品牌。2007—2012 年，嘉善县科协帮助有关企业、单位、个人申报专利 1000 多项，其中已授权的发明专利 38 项，占全县同期的 50% 以上，即嘉善县获得授权的发明专利，一半以上是由县科协帮助申报的。2010 年 11 月份，又为 70 多家企业和个人申报了专利实施许可备案申请资料，并帮助联系顺利完成了备案工作，大大方便了全县的企业和个人。

专利宣传营造企业外部环境。利用科协是政协的组成单位的优势，县科协充分发挥与企业接触多、了解情况全面的特点，在县政协的各种会议上积极为政府建言献策，使政府的专利补助政策作了较大的合理调整，促进全县的专利申报数量大幅提高，为企业的转型升级、技术创新和成果保护提供了支撑。

嘉善县科协以开展专利咨询为依托，积极为企业提供优质便利的服务，全面激发了全县企业开展技术创新、转型升级的信心，为嘉善经济建设发挥了重要的作用。

（摘编自中国科协网文章；原稿为浙江省科协供稿）

☞ ［案例3］

贵州省贵阳市花溪区麦坪乡戈寨村
果蔬协会多措并举，促进产业转型升级

自2006年成立以来，贵阳市花溪区麦坪乡戈寨村果蔬协会充分发挥政策优势和产业优势，将经济果林作为主导产业大力发展，不断增加农业基础设施建设投入，努力改善群众生产生活条件，取得了令人满意的成绩。

协会本着互惠互利、联合协作的原则，一方面以促进水果业发展和农民增收为目标，建立了各项议事制度、会议制度、财务管理制度。另一方面落实了四项工作任务：一是为会员提供优良品种栽培技术服务。为更好地向广大会员及群众提供优质高效服务，引导果农科学化生产、管理，基地每年都投入一定经费开展科普活动。共开展科普讲座14次，组织参加大型科普活动17次，组织大型科普展览3次，发放宣传资料

3318 份。累计培育科技示范户 200 户，技术骨干 63 名，受训人数达 3205 人次以上。二是改善会员生产、生活环境。协会在基地举办李花节、李子节，并开展吃李子比赛、李子拍卖、摘果及唱歌跳舞比赛等各种有趣的活动。三是加强林区道路、排灌等基础配套设施建设。四是加强市场导向，积极培育市场，促进协会、市场、会员之间协调发展，形成统一销售服务体系，及时解决会员水果产销中的困难。为了扩大产品知名度，协会还订制了以戈寨牌布朗李为品牌的销售包装盒。

协会以花溪区戈寨村果蔬种植基地为依托，目前共种植果树 10600 亩，共 47 万株。会员年人均纯收入达 10800 元。现已注册了戈寨牌桃、李、梨 3 种优良产品，经贵州省农经委质量认证，被评为无公害水果。基地主要以布朗李、桃、杨梅、杏子、梨、猕猴桃、枇杷等为主导产品，修建了果园区进山便道和林区小水窖，千亩草场等，固定资产达 8000 万元。

☞ [案例 4]

云南省华宁县科协以抓好科技培训为着力点，促进小龙潭村柑橘种植产业的大发展

华宁县小龙潭村地处曲江河两岸，海拔 1200 米，

属亚热带气候。因为适宜的土壤、气候条件，早熟柑橘比其他地方的柑橘早上市35天左右。华宁县科协引导当地村民充分利用自己的特色优势，选产业、学科技、抓示范、促发展，实现了"柑橘三好"，即栽好、管好、销售好。

早些年，小龙潭村由于科学种田不到位，柑橘种植产量低，品质差，销售难。2005年，县科协深入小龙潭村调研，认真帮助群众分析失败原因，引导农民因地制宜，发展特早熟柑橘。为保证柑橘产业顺利发展，县科协采取有效措施，强化科技教育和实用技术培训。第一，开办农函大技术培训班。邀请牛山柑橘场专家举办专题讲座和田间指导，讲给农民听，教会农民干，做给农民看，通过培训，提高农民种植技术，培养科技示范户，促进柑橘发展。县科协还从广西柑研所、玉溪柑研所、新村柑橘场请来专家、技术员对村民进行柑橘栽培、管理技术培训；到通海请来农技师专题进行农药使用技术培训。第二，做好柑橘技术季节性培训。根据柑橘产业发展的要求，做到早计划、早安排。第三，不仅把专家请进来，而且领农民走出去。由村干部带领村民到新村、牛山、华溪等柑橘基地实地参观学习。第四，建立农村科技小组。定期和不定期地组织小组成员学习种植技术，交流种植经验，传递柑橘信息。

在县科协指导下，村民自筹资金，组建了村柑橘农资服务部。服务部为群众提供优质、价格适中、品种多样的农用物资，群众可以先用化肥、农药，待柑橘销售后再交款，这些措施，有力地保证了小龙潭村柑橘产业的发展。

2007年以来，小龙潭村增种柑橘面积1914亩，总柑橘种植面积达3418亩，果树面积占总面积90%以上，柑橘产业已经形成了小龙潭村名副其实的主产业。在品种上，选优质品种，突出"特、早、熟"三个字。2009年销售柑橘3000吨，总收入达540万元，人均2278元。2010年在百年一遇的旱灾面前，全村实行科学种管，仍实现大增产、大增收。如今的小龙潭，昔日的荒山已变成果园，果树丛中的山村显得更加美丽。一个"生产发展，生活宽裕，社会安定，环境优美，乡风文明"的社会主义新农村逐渐显露。

四、组织开展科技成果引进推广应用

随着农业科技水平的不断提高，科技成果的引进推广应用，已成为助推农村经济快速增长的新动力，农民真正走上致富之路的重要手段。一些地方的县级科协和基层科协结合当地实际需求，积极组织开展科技成果引进推广应用，让科技知识转化为农民发家致富本领，让科技成果入村入户，嫁接到田间地头，让农民尝到科技致富的甜头，促进当地农业产业更快发展、农村经济兴旺发达。

☞［案例1］

山西省长治县科协推广
养猪新技术，引领养殖业发展

2012年初，长治县科协举办了兽用B超技术推广应用培训班，邀请专家为广大养猪户讲解兽用B超技术，来自全县的部分养猪户参加了培训。

近年来，长治县规模养猪户数量不断增加，养猪已经成为全县农村经济发展的优势产业。但是，在发展规模养殖过程中，由于缺乏养猪技术，导致猪种质量差、疫病频发，使一些养殖户遭受很大经济损失。为了增加养殖科技含量，全面推广应用现代化科学养猪新技术，长治县科协举办了一系列养猪新技术培训班。培训班上，主讲老师就当前兽用B超技术在养猪场的应用进行了详细讲解，深入浅出的讲解让养猪户听得非常认真，养猪户们纷纷表示从中学到了不少知识。课后，主讲老师留下充足的时间让养猪户提问，并一一回答他们的问题，让养殖户受益匪浅。培训班的举办，让广大养猪专业户充分认识了兽用B超技术，取得了预期的培训效果。

据了解，长治县科协还将继续开展形式多样的科普系列活动，将技术推广工作落到实处，引领全县养殖业发展和新技术推广，提升标准化、规模化、科学化养殖技术，带动养殖产业健康可持续发展。

（摘编自中国农业信息网文章；原稿来自山西省农牧业信息中心）

☞［案例2］

辽宁省绥中县老科协推广花生高产示范田新技术，促进花生种植业发展

2012年7月，绥中县高台镇老科协分会选择在三道村、北赵村、腰古村，组织实施了县级千亩花生高产技术和百亩花生覆膜高产夺标技术项目。项目以促进全镇花生种植业发展和增收为目标，集约经营，集中力量，集成技术，主攻单产，提高效益，通过创高产，促进均衡增产，挖掘增产潜力。

绥中县、高台镇两级老科协将三个村同时定为花生高产创建示范基地，实行项目整合、资金扶持、技术服务。他们购置花生覆膜播种机、中耕机、收获机、摘果机各一台，实行统一品种、统一播种、统一生产、统一标准、统一病虫防治"五个统一"服务，打造成全县花生高产示范基地。

高台镇老科协分会和绥中县老科协组织开展技术集成和农民培训。通过技术培训，使种植户掌握花生种植管理技术，熟练地掌握施足底肥、精细整地、选用优种、机械播种、地膜覆盖、清棵蹲苗、控制徒长、防病保叶、机械收获等一整套集成技术。示范基地机种机收、地膜覆盖、优良品种等主要技术推广率达90%以上，能够有效提高花生的产量和质量，促进增产增收。

在落实县级高产创建技术措施的基础上，按照花生种植生长期的不同阶段，高台镇老科协分会定期邀请绥中县老科协专家服务团，同种植户一起深入田间地头，研究制定高产管理措施，采取培土迎针、叶面三喷、病虫防治等技术，延长叶片绿色期，提升高产水平。

（摘编自农业部网站文章；原稿来自《葫芦岛日报》）

☞［案例3］

河南省舞钢市科协
及时引进新技术，开展林果示范建设

2012年秋天，在舞钢市金阳林果示范中心豫丰黄梨示范园内看到一派梨果满树，压弯枝的丰收景象。原来示范园里种的不是普通梨树，而是舞钢市科协引进的改良后的豫丰黄梨新品种，该品种当年栽植当年便可开花结果，第二年亩产可达 600 千克左右，第四年亩产可达 4000 千克以上，丰产期可达 30 年以上，具有产量高、品质优、见效快，经济效益十分可观，深受广大群众的喜爱。农民陈兴高兴地说："昨天焦作市的李先生订购的最后一批豫丰黄梨 3 万公斤（千克），已全部销完，今年俺种植的 10 亩梨园收入可达 20 万元以上。"

为提高果树的科技含量，创名优品牌，舞钢市科协提出"发展一个基地、带动一片产业、振兴一方经济"的发展思路。重点扶持高效农业实验项目，先后在枣林、武功、尚店、杨庄开始了豫丰黄梨、五红梨的种植示范与推广；实施典型示范带动、完善科技服务体系建设，以规范成熟的技术示范，提高农民创业致富的积极性和农产品的科技含量，凸显"公司＋基地＋农户"的规模效应、品牌效应。

金阳林果示范中心是舞钢市科协近年扶持发展的一个高效优质供应种苗、统一技术培训、统一技术服务、统一产品林果示范基地，基地采取"公司＋农户＋订单"的生产经营模式，实行统一销售的形式；示范带动市内外 4.5 万多户农民种植豫丰黄梨、五红梨等名优新品种，先后发展科技示范户 3.5 万户，户年均收入 4.5 万元以上，被群众誉为信得过的农业生产企业。

目前，南阳、驻马店、平顶山、洛阳等地的农户已开始种植这种梨树。据舞钢市科协负责人介绍，明年将根据豫丰黄梨的长势在省内外推广种植，同时利用旅游业发展休闲采摘农业，延伸产业链条，逐步使其成为舞钢市福民利民的一项支柱产业和旅游品牌。基地周围的农民可以靠锄草、施肥、浇水、打药等管理服务来获取一定的收入。

（摘编自中国科协网文章；原稿为舞钢市科协葛岩红供稿）

第五章
拓宽学会工作发展空间

　　学会是由研究或爱好某一学科的科技工作者自愿组成的学术团体，是科学共同体的一种形式，是科协的组织基础和工作基础，是科协的重要组成部分。县级科协所属学会、协会、研究会（以下统称学会）属于自然科学类社会团体，涵盖理科、工科、农科、医科和交叉学科等领域，主要由各学科领域、技术领域具有一定专业技术职称或专业知识的科技人员、有一定技能和特长的乡土人才、热心和支持学会工作并具有相应专业知识的管理工作者等构成。

　　各地县级科协在开展工作过程中，把拓宽学会工作发展空间作为基础，为学会提供发挥作用的舞台；通过学会联系和集聚科技人才，搭建学术交流、技术交流的平台，推动学会开展多种形式的学术活动、技术交流活动，扩大技术培训范围和服务对象，提升学术水平和服务能力；通过学会为政府决策提供咨询服务，为当地社会和经济发展服务；不断加强学会管理，强化学会功能，让学会更好地服务社会，推动学会工作开展。

一、创新学会管理运行机制

随着县级科协组织体系的不断壮大发展，各地县级科协及其所属学会在科普宣传、学术交流、技术培训、建言献策等方面，为当地社会经济发展做出了巨大贡献。但从另一方面看，一些地方的县级科协所属学会还存在着学术水平不高、活动贫乏单一、管理软弱松散、办公条件简陋、人员经费短缺等状况。为此，一些地方的县级科协从实际出发，下大力气改进学会组织管理机制，推进学会民主管理、制度化管理；开展创建和评选星级学会活动，强化学会自身建设，推动学会能力建设；完善学会组织机构，为学会选配能力强、学术水平高、富有管理经验的学会干部；帮助学会制定目标责任制，严格考核条件；为学会争取资金，不断改善学会条件等。

☞ ［案例1］

上海市浦东新区科协积极推动
现代科技社团的建设与发展

浦东新区科协在科技社团建设中，拓展学会组织机制、加强学会组织建设、推动学会提高能力，做出有益探索。

深入落实科学发展观，拓展学会组织机制。一是发展社科类学会加入科协。浦东新区科协打破自然科学与社会科学的组织界限，发展会计学会等10家社会科学类社团加入科协，形成了以集成电路、生物医药、软件等高科技产业类学会为龙头、多学科并举的专业学会发展新格局。二是发展高层次学术团体加入科协。浦东新区科协创造性地设计了一批全国性、全市性社会团体的分会、专业委员会加入科协的组织模式，目前已引进中国无机盐工业协会钾盐分会入住浦东并加入科协，上海市欧美同学会浦东分会、上海市集成电路行业协会制造封装测试专业委员会加入科协，拓展了科协外延。三是发展区级行业协会。在浦东综合配套改革、先试先行过程中，浦东率先登记区级行业协会。目前已有光电子、生物医药、软件、管理咨询学会成功转制为新区行业协会。

加强学会组织建设，增强发展能力。一是促进学会发展壮大。浦东科协指导学会建立多元结构的会员制度，形成以学术为基础，产、学、研一体，向社会科普领域渗透的组织网络体系。二是提高学会服务能力。浦东新区科协实施科技社团青年专职工作者资助计划，对学会聘用35岁以下具有大专以上学历的专职人员给予经费资助。三是深化学会改革与发展。为切实解决浦东新区科技社团发展中的问题和瓶颈，谋求持续和创新发展，浦东新区科协承担《浦东新区科技社团发展瓶颈和对策研究》课题，探讨目前存在的主要瓶颈并提出了对策建议。浦东新区科协还组织浦东新区软件行业协会实施《浦东新区行业协会建设与发展的思考》课题。

推动学会提高服务能力，服务经济转型发展。一是加强决策咨询工作。浦东新区科协组织集成电路、生物医药、软件、光电子等6家协会、行业协会参加的课题组完成了《浦东高科技产业年报》。在全球金融危机背景下，科协组织课题组举行新闻发布会，率先以"浦东高科技产业逆势飞扬"为主题，通过主流媒体向社会发布利好消息。《浦东高科技产业年报》获得上海市科协系统第十一届科技咨询和技术服务优秀项目一等奖。二是提高学术交流水平。浦东新区科协设立"学术年会"、"科技沙龙"，支持和创造条件让学会参加科协的重大活动，鼓励和引导学会自主开展各类学术交流研讨活动。三是深化企业技术服务。实施科协常委项目、青年一线科技人员支持项目。依托学会，发现、扶持和举荐一批科技领军人物和中青年高端人才，荣获"上海市科技精英"等表彰奖励。

☞［案例2］

福建省尤溪县科协从制定制度、改进机制入手，完善学会管理

2009年，由尤溪县委办、县政府办联合发出《关于印发〈关于进一步整顿和改进学（协）会管理工作的意见〉和〈尤溪县科学技术协会管理办法〉的通知》，对进一步完善学（协）会管理体制，落实双重负责管理责任；进一步调整优化学会组织结构，促进学会发展；逐步改进和完善用人机制，推动工作人员专职化，促进学会办事机构和人员队伍建设；完善学会财务管理制度，增强经营能力，拓宽工作领域和活动范围；创新学术活动的方式方法，打造学会品牌，扩大学会影响；坚持党对学会工作的领导，健全完善学会自律机制等方面进行了规范。

2009年，尤溪县在西城镇召开乡镇科协换届观摩会，并召集各乡镇科协主席召开专题会议，对如何抓好乡镇科协换届工作进行布置。尤溪县科协深入指导工作，为规范换届程序，尤溪县科协印制了有关换届

程序的范本，对基层科协组织的换届有关申报材料进行规范。尤溪县科协要求乡镇科协和各学（协）会应及时将换届工作的指导思想、基本原则、组织程序、召开大会时间等重大事项向县科协报告，县科协按照程序给予批复，开会前派学会部等相关人员到场先进行业务指导，对有关程序进行规范。在乡镇科协和各学（协）会召开换届会议时派员进行全程监督，县科协主席或副主席以及学会部有关负责同志都到会祝贺并作指导性讲话，县科协还给予每个乡镇科协 1000 元的贺礼。通过两年来基层科协组织的规范化建设，科协组织的地位在该县进一步凸显。

☞［案例 3］

江苏省江阴市科协开展
"创建星级学会"活动，推动学会建设

江阴市科协所属学会、协会、研究会（以下统称学会）共有 33 家，分理工、文卫、农经 3 个学组。从 2006 年起，江阴市科协广泛开展了"创建星级学会"活动，经过不懈努力，各个学会的组织建设规范有序，服务能力明显提升，社会影响不断扩大。

星级学会考评设"三星、四星、五星"三个等级，

其中"五星级"为最高级别。考评标准分五个部分：一是学会自律能力，要求各学会按时换届选举，加强会员管理、制度建设和信息宣传，积极参加上级科协组织的活动，完成业务主管部门交办的各项任务；二是学术活动能力，要求学会积极组织和参加学术交流，参加论文评选，举办科普活动；三是科技转化能力，对各学会开展科技咨询服务、参与项目评估论证和"厂会协作"或"金桥工程"项目提出具体要求；四是经济自主能力，对学会的净资产、年收入和年节余等情况进行考查；五是工作创新能力，在申报"星级"时，必须具有"创新"分值，主要考查各学会的特色工作、品牌活动。

为确保"创星"活动不流于形式，江阴市科协加强对学会考评工作的督查和引导。一是深入思想发动，坚持每年召开一次全市学会工作会议、每季度召开一次学会秘书长工作例会，明确星级学会考评活动的目的和意义；二是坚持走访调研，了解并帮助解决学会在运营中遇到的难题和困难；三是实行分类管理，根据学会的不同职能和特色工作，深入学会指导；四是促进经验交流，及时发现、宣传和总结在星级学会考评中的先进典型和事例；五是推进学术创新，成立专门工作委员会，开展软科学课题研究；组织开展以科技"创新、创业、创优"为主题的"三创"活动，出版《江阴科普文集》、《江阴市优秀论文集》等，为学会开展创新活动提供载体和平台；六是鼓励建言献策，出版刊物《江阴市科技工作者之声》，及时向市委、市政府反映各学会广大科技工作者的意见和建议。

星级学会考评每两年组织一次，不实行"终身"制。如发现连续两年工作下降，达不到星级学会标准，将给予降级处理或撤销其称号。对获得"四星级"以上称号的学会，将由市科协给予通报表彰，并给予适当的物质奖励。

☞［案例4］

湖南省临澧县科协采取
多种措施，强化学会管理

近年来，为推动所属学会发展和能力提升，临澧县科协不断强化学会管理。一是实行工作目标责任制考核。根据学会实际情况，结合全县科普工作中心任务，制定工作目标责任制考核细则，实行目标管理。同时，加强与学会的日常工作联系，每季度开展一次走访，每半年召开一次学会秘书长例会，听取工作情况汇报，随时了解学会工作动态。二是指导学会推行体制改革，逐步完善学会工作运行体制。三是加强组织建设。积极与学会挂靠单位协商，按照"七有"的标准，不断加大学会组织建设投入，做到有班子、有牌子、有章子、有办公场所、有办公设施、有规章制度、有活动经费。

临澧县科协充分发挥自身专业技术优势，积极组织学会会员参与"科普下乡"、"科普进校园"、"会乡协作"等科普活动，通过活动，激发学会的活力，扩大学会的社会影响。鼓励各学会与挂靠单位紧密联系，取得挂靠单位的充分支持和理解；为学会开展工作和活动创造条件，使学会发挥自身人才智力优势，积极履行相关职能职责，为行业发展广泛开展技术服务。县科协的具体措施有：积极组织定期和不定期的学术交流和各类技术培训，提高行业工作人员的科学素质；深入开展理论调研、社会调研和学术研究，为行业发展、县域经济发展献计献策；大力引进推广新技术、新产品，提升行业科技水平，为当地经济发展做贡献等。

☞ ［案例5］

上海市宝山区科协以全面提升学会工作能力为抓手，解决学会生存与发展问题

随着中国社会的变化和改革，学会势必从政府机构的附属物向真正具有独立性和非盈利性的非政府组织（NGO）转变。在一些地方，学会由于性质变化、

职能转移、工作环境改变、工作任务调整等，面临着发展困境。宝山区科协开拓思路，采取措施，从全面提升学会工作能力入手，帮助学会解决生存和发展问题。

一是开展星级学会考核与评比工作，以加强学会基础建设，解决其管理松散、缺乏活力的问题。评上星级的学会由宝山区科协颁发荣誉证书，并根据其等级给予不同额度的学会活动资助经费：三星级学会资助 3 万元，二星级学会资助 2 万元，一星级学会资助 1 万元。在开展星级学会评定的同时，区科协就年检状况、制度建设、按章办会、学会活动、主题活动、档案记录、宣传展示、编印会刊、发展会员、信息沟通等方面对各学会的全年工作进行全面考核，并将考核的结果予以张榜公示，以探索学会管理的新模式。

二是开展"立足本行，为宝山发展添智助力"的主题活动，推动学会开展学术活动，以解决学会学术水平较低的问题。区科协帮助学会确定学术活动主题，推荐论文发表，组织专家指导。

三是利用各学会的主要领导仍是由原挂靠单位领导担任的人脉关系，争取挂靠单位将不适合政府处理的事务或者因缺乏人力、无暇顾及的工作以项目的方式委托或发标给学会，让学会有事有为。

四是规范学会建设，提升学术水平。区科协指导学会全面提高工作能力，紧紧围绕原挂靠单位的中心工作，以行业领先水平的优势帮助其解决重点和难点问题，为挂靠单位排忧解难，在主动服务中争取项目、赢得市场。

☞［案例6］

山东省临沂市莒南县老科协
不断开拓创新，增强服务能力

莒南县老科协刚成立时，无办公场所，无活动经费，无交通工具。为此，莒南县老科协做到了勤请示、勤汇报，主动争取领导及有关部门对老科协的重视和支持。自2010年起，县财政将老科协经费列入财政预算，每年7万元，配备了一辆商务车。县人事局批了事业编制1人，县委办公室在县委办公院内安排了老科协办公室，并购置了办公设备，方便了老科协的工作。为进一步增强发展的后劲，老科协积极兴办实体，如县老科协农业委员会成立植物医院，大店镇老科协成立礼仪公司等，从而增加了经济收入，提供了活动经费。

莒南县老科协在服务对象上以示范基地、龙头企业和专业合作社为主，搞好科技服务，带动农民致富。结合《科学素质纲要》的实施和文明城市创建活动，充分发挥老科协20名专家组成的服务团作用，对全县的粮食、花生、蔬菜、林果、畜牧等重点项目进行了全方位的技术指导。

莒南县老科协在服务形式上，紧紧依靠部门行业和单位开展服务。老科协卫生委员会受县卫生局委托，为全县18个乡镇，1600多名村级卫生员进行了业务知识培训。除为病人看病治疗外，还利用空闲时间对乡镇医院的医生进行传帮带，使他们的医疗技术水平均有了不同程度的提高。县医院设立了资深医学专家门诊，老专家不分节假日，轮流值班，面向基层直接为农民服务，受到了群众好评。几年来，组织老专家举办健康知识讲座等报告会近百场次。

在县老科协的组织下，广大老科技工作者通过印发资料、举办技术讲座、赶科普大集、开办培训班、文艺演出等多种形式，积极参与到科技教育和科普宣传中。

二、积极开展学术交流、技术交流与培训活动

学术交流和技术交流是科学研究成果、技术创新成果转化成生产力的基础，可以激发创新精神，推广技术应用，从而推动科学技术的进步和经济发展。学术交流、技术交流与培训也是县级科协所属学会的生存之本、发展之源。一些地方的县级科协及其所属学会在开展工作过程中，高度重视学术交流、技术交流

与培训，从实际出发，紧密结合当地特点，注重提高水平，制定相关制度，灵活选择主题，服务经济建设，闯出一条推动自身发展的特色之路。

☞［案例1］

甘肃省高台县科协出台
《高台县学术年会制度》，促进学术建设

2005年11月，高台县科协提倡学术争鸣，鼓励探索，宽容失败，营造"尊重劳动、尊重知识、尊重人才、尊重创造"的良好氛围，出台了《高台县学术年会制度》，县财政给予专项资金支持，率先在全市县级把学术交流作为一项制度确定了下来，为会员和科技工作者展示学术成果和交流工作业绩搭建了平台，并按照制度坚持两年举办一次。2007年9月和2009年9月，成立年会组委会，分别以"落实科学发展观与高台新农村建设"和"发挥比较优势，夯实发展基础，推动三大战略，实施七大工程，实现科学发展"为主题，每届设置主会场和分会场，组织农业、林业、水利、牧医、医疗卫生、农机、教育、财政金融等行业的14个学会，按学科设置，共征集论文495篇，在8个分会场进行了学术交流与研讨。经组委会终审评定，评选出优秀论文一等奖15篇、二等奖23篇、三等奖

33篇，6个优秀组织学会，进行了表彰奖励，并编印优秀论文集2集220本。在主会场，邀请中国科学院寒区旱区环境与工程研究所徐中民研究员、兰州商学院工商管理学院院长硕士生导师董原教授，分别以"黑河流域生态经济研究的主要进展"和"农业经济管理中的领导科学与艺术"为题，举办了两场专题科普报告，相关部门领导干部和科技工作者代表480多人参加了报告会，为广大科技工作者提升工作能力提供了科普知识教育的有效途径。

☞ [案例2]

广东省电白县科协针对当地实际经济发展需要，开展学术交流活动

近年来，电白县科协始终坚持"科学技术是第一生产力"的指导思想，积极组织县域内科技人员开展各种学术交流活动，收到良好效果。

县科协根据各学会情况，经常组织针对性强、主题突出、结合县域经济发展密切的科技研讨会，专门研讨和解决经济建设中的重点和难点问题。如县畜牧学会撰写的《关于小耳猪发展的意见》、水产学会撰写的《切实抓好水产品加工，促进渔业经济发展》、气象学会撰写的《利用气象科技，服务经济建设》等。县科

协还结合本地实际，组织水产学会有关专家和养殖户开展南美白对虾人工繁育与养殖技术研究，成功解决引进春虾繁育和淡水养殖难题。近年来，电白县科协几乎每年都组织开展各种类型的学术报告会，聘请专家做学术报告；各学会借科技活动周之际，开展学术交流活动。

（摘编自新华网广东频道文章）

☞［案例3］

重庆市酉阳县科协召开
学术交流论文作者座谈会

2012年3月27日，为进一步活跃全县学术交流氛围，吸引更多的科技工作者热心参与到学术交流活动中来，酉阳县科协召开2011年学术交流论文作者座谈会，进一步为全县科技工作者开展学术交流活动搭建平台。会议的主要内容有：

一是对2011年学术交流活动进行总结，并通报了2011年学术交流论文征集评选工作。2011年评选出优秀学术论文25篇，其中一等奖4篇，二等奖6篇，三等奖15篇。

二是对2012年学术交流论文征集进行了安排，并对选题方向作了要求：要求围绕全县经济发展选题，即围绕县域宏观经济发展、与农民增收息息相关的产业发展的微观探索、新技术新方法试验、推广和运用的成果分析、旅游等新兴产业发展的实践探索、防灾减灾的学术研究等方面；要求围绕科技教育选题，即围绕科技教育工作本身、培养学生科学意识和兴趣、如何搞好教师和学生心理辅导、学生社会实践、素质教育、生物多样性等方面；要求围绕社会管理选题，即提升执行力、民生问题、公民社会责任、管理创新、全民科学素质等方面。三是与会人员相互交流、畅所欲言，对全县学术交流活动建言献策。

（摘编自重庆科协网文章；原稿为酉阳县科协供稿）

☞ [案例4]

湖南省攸县科协发挥学会专业优势，举办技术培训

2003年，攸县科协在所属县级学会中选择专家组建农村实用技术讲师团。此后，讲师团每年都举办多期培训班。为促进农村生产发展，提高农民科技致富能力，讲师团全方位指导种养大户，省、市科技示范户科技致富。截至2010年，组织科技下乡56次，受益农民达5万余人。

　　攸县科协还从县级学会选派科技特派员到基地工作。科技特派员的工作重点是开展农村科技创业行动，帮助农户解决科技难题。县农学会组织推广新技术11项，技术入户率达95％以上，组织开发建设了"万亩双季稻、万亩高档优质稻、万亩超级稻高产示范片"。林学会建立油茶优良无性系示范基地，全县油茶新技术覆盖率100％。教育学会把贯彻《科学素质纲要》和新农村建设结合起来，开展了学生社会实践活动基地建设项目研究，确定网镇罗家坪村为全省第一个学生社会实践基地。县科协组织县级学会开展"青年科技奖"评选活动，与县人事局组织"优秀科普志愿者"评选活动，与县委、县政府联合表彰"十佳"优秀科技工作者。全县各学会注册科普志愿者达到1300人。

　　攸县科协所属各学会根据自身优势，创建47个科普示范基地，促进了"一村带一片、一片带一业"的农业产业化形成，为带领农民科技致富提供条件。各学会积极实施"建三提四"科普工程，即建立种植、养殖、加工科普示范基地，提高依靠科技脱贫致富、提高向非农产业转移就业、提高科学健康生活和提高反对封建迷信的能力。重点宣传和普及生态环境、实用技术、卫生健康方面的科技知识，不断提高农民科学素质，增强致富本领。各学会组织科技人员和示范户率先引进和推广适合本地的新品种、新技术，通过示范和交流，将成功的技术和经验迅速普及到群众中去，从而形成"一户带十户，十户带一村"的农业产业化格局。

三、组织开展决策咨询服务

决策咨询工作是科协工作服务于党委和政府中心工作的有效载体之一。近年来，随着各地县级科协及其所属学会工作的不断深入，将决策咨询服务纳入到工作范围。科协及其所属学会紧紧围绕当地党委和政府的中心工作，着眼于服务经济建设，围绕热点难点，选择决策咨询方向和课题，发挥了思想库、专家库作用。

☞ ［案例1］

重庆市万州区科协积极
开展决策咨询，服务三峡库区发展

2011年，重庆市万州区科协围绕市委把万州建设成为重庆第二大城市的宏伟规划，发挥区科协系统人才资源优势，组织区级学会积极展开决策咨询服务，为三峡库区可持续发展建言献策，提供智力支持。

区水利学会协调区渔政处和区水产研究所等会员单位，2012年以来在高梁镇、新田镇等重要水产养殖地开展渔业科技咨询服务活动。在活动中，面对当地水产养殖户和水产公司的技术咨询，区水利学会专家仔细解答了水产养殖户在渔业生产中的疑难问题，同时系统宣传了国家的水产产业发展政策及相关法律法规，向公众发放宣传资料和水产科技书籍。水利学会专家和科技人员为 15 家水产养殖公司提供了科技咨询，并为水产养殖户提供技术咨询或者政策咨询 700 多人次，发放《淡水名优鱼类实用养殖技术》、《鱼病防治实用技术》、《科学养鱼知识》等书籍 500 册，赠送水产养殖技术资料 3000 余份。

万州区科协、区老年学学会以及重庆三峡学院科协部分学者共同进行了"三峡移民空巢老人现状"课题咨询。通过调研形成了 50 余篇论文和调研报告，分析了当前三峡库区空巢老人现状，剖析了基层街道、乡镇正在开展的社会化养老照护体制，并对加快基层老年科普文化服务提出了建议。通过此次调研，万州区科协和区老年学学会形成了专题咨询报告，并提交区政协。此项咨询调研有利于科学引导政府和社会资源对养老事业的投入，对营造文明和谐的社会环境和人际关系、推动库区社会和谐发展，促进库区民生建设具有重要意义。

区老科协围绕打造库区金融中心、服务业中心、科学研究中心、交通枢纽，发动学会科技力量优势，组织专家学者开展万州建设 HDI 共享型城市专题咨询，征集到《三峡水利管控一体化系统综合信息集成及应用》等数十篇论文，其中《三峡工程万州库区水运节能减排与可持续发展研究》已在《中国科技成果》杂志登载。同时，区老科协还组织会员单位围绕三峡库区经济建设开展专项科技咨询，为会员单位重庆三峡水利电力集团有限公司和区港口航务管理局解决了技术难题，此两项咨询成果荣获 2011 年度万州区人民政府科技进步一等奖，并申报重庆市科学技术进步二等奖。

区税务学会致力于发展三峡库区低碳经济，积极开展调研，为主管单位万州国税局探索可持续发展的低碳税收政策体系构建提供政策咨询和理论依据，税务学会以低碳经济理论和可持续发展理论为指导，从分析库区发展低碳经济的税收政策现状入手，通过调研税收政策促进三峡库区发展低碳经济的必要性，从而提出建立低碳经济税收政策体系的构想，并形成工作建议，得到区国税局的高度重视。

此外，万州区心理学会、区林学会、区农学会等区级学会也组织科技工作者，在各自的领域开展了多种形式的科技咨询，例如区心理学会开展了"走入社区、走入学校、走入企业"心理咨询系列活动，区林学会开展了松材线虫扑杀技术咨询，区农学会开展了科技助农增收咨询活动，均创造了较大的经济社会效益。

（摘编自中国科协网文章；原稿由重庆市科协供稿）

☞［案例2］

宁夏回族自治区西吉县科协开展项目论证和决策咨询，服务县域经济发展

近年来，西吉县科协紧紧围绕县委、政府关注的重点、热点问题，以及全县经济和社会发展的重大课题，开展项目论证和决策咨询。县科协先后邀请兰州大学、宁夏农科院等科研院校的专家、教授，开展了20余项的项目论证和决策咨询，向上级有关部门申报了《六盘山地区优势道地中药材规范化种植、人工驯化和资源研究》、《宁南山区抗逆减灾农业发展与技术研究》、《农村适用技术100例》等项目建议书。并针对调整农业结构，促进农民增收，提高农业整体素质和效益，改善生态环境及提高农产品国际竞争力，加快农业科技成果转化，提高农业技术创新能力，推进农村全面建设小康社会，促进农业和农村经济持续发展，组织科技人员编制了10项《农业科技成果转化资金项目》建议书。

为使科技创业协会健康发展，西吉县科协依托网络优势和行业特点，以农业系列为主要对象，推荐农民发展种养加、储运销项目17项和科技人才26名，为宁夏科技特派员创业行动的实施提供了人才和项目保证。为了培育新的农村经济增长点，推动农业产业化的发

展，西吉科协组织科技人员组成亚麻研究专题组，布设和开展了纤用亚麻新品种选育、最优栽培数学模型探讨等 5 项（次）的试验、示范与推广课题研究。

☞［案例 3］

安徽省歙县科协发挥科协系统人才、智力优势，为科技工作者建言献策沟通渠道，搭建平台

　　近些年来，歙县科协注重发挥科协系统人才、智力优势，鼓励有条件的学会和科技工作者开展、承办和参加各类学术交流会，并汇成《科技工作者建议》和论文汇编，得到县委、县政府及有关部门的高度评价。

　　歙县科协围绕党和政府重视、群众关心的民生问题、难点、热点问题，开展专项调查研究和科学论证，为建言献策提供现实依据。老科技工作者协会针对县化工企业的发展现状进行了调研，撰写了《歙县化工行业现状及发展对策》，为建设循环经济园区提供决策依据。在 2008 年南方雪灾和汶川大地震的背景下，老科技工作者根据歙县多洪灾的实际情况，撰写了《对歙县城区防灾减灾的思考和建议》。老科协在县历史文化名城修复古城墙之机提出的《修复古城墙方案探讨》具有很强的现实针对性。蚕桑学会在实施东桑西移工

程中提出的《关于稳定蚕桑生产促进产业化发展建议》，歙县畜牧水产学会针对县动物疾病防治体系建设开展了调研论证活动，形成的《歙县畜禽养殖小区建设指导意见》等建议均得到县政府的重视。根据这些建议，县政府办公室于2009年出台了《关于稳定蚕桑生产促进产业化发展的通知》、《歙县畜禽养殖小区建设指导意见》。

☞［案例4］

江苏省南通市科协努力打造党委、政府科学决策思想库

近年来，南通市科协充分发挥自身人才、智力、网络优势，深入调查研究，广泛交流研讨，积极打造具有广泛影响力和科学权威性的科技思想库，形成了高层论坛、《科技工作者建议》、建言献策活动三位一体的决策咨询特色品牌，为南通市城市名片打造、城市规划、产业发展、转型升级等经济社会发展中的重大问题和关系人民群众切身利益的突出问题，提出了重要的决策咨询意见和建议。

高层论坛成为领导宏观决策的"外脑"。市科协先后围绕"新世纪南通百万人口城市化进程"、"科技创

新与跨越发展"、"世界船舶及配套产业发展高层论坛"、"发挥港口新优势，打造沿海石化城"、"沪苏通小金三角区域战略合作"、"江苏沿海开发高层论坛"等主题，举办南通市学术年会、江苏科技论坛南通分论坛、长三角科技论坛。

《科技工作者建议》成为领导科学决策的"智囊"。近年来，南通市科协积极听取广大科技工作者的意见建议，所编发的《科技工作者建议》及时向市领导和省、市有关部门报送科技专家或团体对经济、科技、社会发展中重大问题的建设性意见。《科技工作者建议》有两个显著特点：一是认真听取和征求院士专家对南通科技、经济和社会发展的意见，并及时反馈院士意见办理情况。二是地方科技工作者建议服务南通科学发展。市科协根据当地经济社会的热点、难点问题积极组织科技工作者开展调查研究，形成操作性强的意见建议。如《关于长江水污染治理的建议》得到重视，自来水源污染隐患的奶牛场得以顺利搬迁；《关于科技孵化器建设的意见》受到有关部门的采纳；《关于制定"十二五"规划的意见建议》得到政府主要领导的高度重视；市科协人大议案、政协提案受到相关部门高度重视，科普设施建设等一系列问题得以解决和落实。

三项活动成为凝聚科技人才、开展建言献策的新平台。一是组织开展南通市区"十二五"规划课题研究及建言献策活动。市科协组织市老领导、老专家开展

《南通市区"十二五"规划发展研究》课题研究，形成了《南通市区发展定位和四区域特色经济差异化发展的建议》等11个专题报告，对区域特色经济差异化发展、市区服务业规划、水资源规划、纺织业规划以及综合交通体系建设、水利建设、博物馆建设、环境保护和农业战略定位等若干问题提出了建设性意见和建议。二是开展"我为南通科学发展献一计竞赛活动"。广大科技工作者紧紧围绕全市科技、经济、社会发展中的热点、难点问题，进行了广泛而深入的调研，就转变经济方式、提升产业层次、拉动消费需求等重点问题，提出了切实可行的建议和措施。三是举办以"科技创新促进经济转型"等为主题的科技界新春联谊会。每年组织科技界100多位专家、学者叙友谊、谋发展活动，市领导亲临会场，倾听科技人员的建议。活动将文艺表演、党的科技方针政策宣传和听取科技人员意见融为一体，取得了良好的效果。

（摘编自人民网科技频道文章）

☞［案例5］

湖北省随州市科协重视决策咨询服务，推进经济社会发展

2011年8月，在随州市"工业兴市"调研成果汇

报会上，随州市科协牵头提交的《关于加快发展我市光伏电子产业的建议》得到市政府、市政协领导的充分肯定。这是随州市科协大力开展决策咨询服务给力经济社会发展的又一成果。

近年来，随州市科协充分发挥学科覆盖面广、智力资源雄厚、横向联系广泛，以及地位相对超脱的优势，选准课题、搭建平台，组织和引导广大科技工作者围绕经济社会发展中的难点、重点问题，通过举办论坛、组织课题、专项调研等多种形式，把科技工作者的个体智慧上升到有组织的集体智慧，大力开展决策咨询服务活动，为经济社会发展做出了应用的贡献。

2010 年，中共随州市委提出"工业兴市主战略"后，市科协敏锐把握工作方向、迅速研究工作措施，及时向全市科技工作者发出了围绕"工业兴市"积极建功立业的倡议书，号召广大科技工作者立足自身岗位，围绕事关随州经济社会发展和人民群众切身利益的重大科技课题和关键技术难题努力攻关、积极献策，用一流的创新成果引领和推动企业技术创新和产业结构调整，为工业兴市做出自己应有的贡献。为更好地发挥科技工作者在工业兴市战略中的重要作用，市科协在市经济开发区企业中就企业科技需求、企业科技工作者状况与需求两个方面开展了专题调研活动，通过为科技工作者提高优质高效服务调动广大科技工作者的积极性和创造性，通过了解企业科技需求促进产学研合作推进企业科技进步与创新。同时，市科协还组织多学科科技人员召开工业兴市恳谈会，围绕全市特色产业发展、新兴产业引进以及工业结构调整大力开展决策咨询，形成了专题决策咨询报告上报市委市政府。此外，随州科协近年还围绕市委市政府中心工作，相继举办了"中部崛起与随州发展论坛"、"武汉城市圈与随州发展论坛"等专题论坛活动，为市委市政府中心工作提供决策咨询服务。

围绕地方特色产业发展，大力开展决策咨询服务。随州是中国专用汽车之都、中国食用菌之乡。近年来，按照"开展跨学科、综合性的科技咨询和论证，促进决策科学化和民主化"的要求，随州市科协完善调整了市级"专家库"建设，建立建强特色产业"专家库"，并从省内外科研院所聘请专家担任专业项目库顾问，组织专家开展咨询论证活动。自2009年以来，全市每年都在世界华人炎帝故里寻根节期间举办专用汽车发展论坛，为专用汽车产业做大做强凝聚智慧，为专用汽车产业产、学、研各界搭建交流合作平台。随州是中国食用菌之乡。为了减少食用菌对栎木资源的消耗与依赖，确保资源的持续利用和产业的可持续发展，随州市科协联合随州市食用菌协会、曾都区食用菌协会从2007年开始，每年都组织协会会员、相关专家赴山东、福建等地学习考察。经过多方论证、生产试种，确立了适宜随州发展的多项食用菌生产新技术，为随州市食用菌产业顺利实施"资源转换和品种转型"战略提供了技术支持。通过"生产原料转换、产品结构转型"，随州食用菌产业变"一菇独秀"为"百菌齐放"，食用菌由原来单一的香菇品种，发展到木耳、巴西菇、杏孢菇、金针菇、双孢菇、地栽蘑菇等20多个品种。2010年，全市食用菌出口超过1000万美元的企业有11家，食用菌出口创汇总额达35792万美元，同比增长148.1%，随州食用菌产业由此步入良性快速发展轨道。

围绕引进新技术、发展新产业大力开展决策咨询服务。2008年，随州市科协了解到金银花产业在省内其他地方产生较好效益后，迅速组织相关专家召开小型咨询座谈会，与会专家认为随州气候地理条件适宜金银花种植，金银花作为常用中药品种经济效益前景好，适宜在随州大面积推广。组织相关技术人员赴湖北郧县、山东临沂考察学习后，市科协建立了100亩金银花科普示范基地，当年试种成功并取得较好经济效益。随后，市科协向市政府提交了《关于大力发展金银花产业的建议》，经市政府领导批示后，由科协系统在全市大面积推广种植。目前，全市金银花种植面积已达4万余亩，年产值近2亿元，金银花产业链条基本形成。生态养殖是养殖产业的必由之路。为发展生态养猪产业，在深入考察调研的基础上，随州市科协向市委送交了《关于发展我市生态养猪的建议》的报告。市科协联合市环保局、市畜牧局邀请华农大、山东临沂等省内外畜牧专家举办了多期"随州市生态养猪培训班"，免费发放技术资料、光盘2000余套，受到广大养殖户的热烈欢迎。如今，生态养猪在全市蓬勃兴起。

围绕改善民生，大力开展决策咨询服务。近年来，随州市科协组织市水利学会等市属学会，围绕水污染防治与水处理技术组织专家举办研讨会，为市政府出谋划策；支持市城市建设规划学会承办城市规划研讨会，围绕节约型城乡建设和地域文化承载与现代化城市发展两大主题开展热烈研讨，为市政府提供决策参考；组织市林学会、市公路学会等相关学会举办绿色通道设计研讨会，为市政府领导提供决策服务。

（摘编自中国科协网文章）

第六章

加强科技人才建设工作

　　科技人才是具有某种科技特长，在社会发展中以科学技术创造和服务，为社会做出较大贡献的人。随着我国经济和社会的不断发展，不仅高端科技人才数量明显增加，基层科技人才队伍也在不断壮大，科技创新和社会发展对科技人才的需求越来越突出，这势必对县级科协及基层科协的科技人才建设工作提出了更高的要求。

　　促进科技人才成长，必须有效提升科技人才创新能力、服务能力，县级科协及基层科协需要有计划、有重点地开展继续教育和培训，不断提高科技人才的素质，搭建科技人才成长平台。对基层优秀科技人才进行表彰和宣传，有利于引导基层科技人才扎根基层，立足本职建功立业。

　　县级科协及基层科协需要加强基层科技人才服务体

系建设，要扎实开展基层科技人才状况调研，反映科技人才的诉求，维护基层科技人才的合法权益；要加强基层科协组织建设和干部队伍建设，不断提高为科技人才服务的能力和水平。

一、搭建科技人才成长平台

近些年，各地县级科协及基层科协努力搭建不同形式、不同层次的学术交流平台，积极营造有利于科技人才成长、成才的环境，促进科研院所、高校与企业、政府之间的交流与合作。一些县级科协及基层科协积极开展形式多样的学术交流活动，并已经成为一大特色，值得学习和借鉴。

一些地方的基层科协顺应当地需求，建设科技人才活动基地，建设不同层次的科技人才库，为创新型人才、应用型人才提供优质高效服务，使科技人才的交流和创新活动向更深、更广、更高的层次发展。

一些地方的基层科协与涉农科研机构、高等院校、专业组织联合开设农村实用科普人才培训班，根据农村科普工作的实际需要，利用农村远程教育网络，培训、指导科普员的工作，不断提高科普工作者的素质，提高科普服务能力。或依托农业技术推广机构、农民合作经济组织、农村专业技术协会、农村实用技术函授大学、农村科普示范基地、科普活动站等，采取培训、示范与实践相结合的方式，大力培训农村实用科普人才。

一些地方的基层科协着力加强青少年科技辅导员队

伍建设，加大考察培训、学习交流、工作指导以及管理的力度，努力打造政治强、业务精、素质高的科技辅导员队伍。

☞［案例1］

上海市浦东新区科协创办浦东自主创新沙龙——ITalk，加强科技人才之间的交流

2008年，由区移动通信协会牵头，浦东新区科协发起组建了自主创新沙龙——ITalk。每两周，沙龙召集人都会向各领域各专业的科技人员发出邀请。如今，很多业内人士都已经很习惯收到ITalk短信，里面包括沙龙主题、演讲人和演讲题目。现在，ITalk已成为浦东科技活动的品牌之一。ITalk实现了创新领域聚焦、科技精英汇聚、智慧火花迸发、创业经验分享、前沿技术探讨，在张江、浦东乃至长三角地区科技人才与创业家、技术精英、学术精英、投资机构、政府之间进行自由对话的一个交流平台。ITalk在新经济领域，尤其是移动互联网、ET（能源技术）等方面的影响力持续上升，成为主流人群、主流技术和主流企业的聚会和沟通平台。

ITalk论坛的主题比较前沿和高端，内容新鲜而广泛。ITalk的主题和演讲者都是自由产生的，在ITalk开

设的网站论坛上，主讲者和参与者互动，最后确定演讲的内容和形式。ITalk 的主题中，目前主要 60% 集中在软件和互联网应用，30% 在移动互联网设备，10% 是新经济生活。ITalk 关注创新技术，倡导"技术改变世界"的理念，尤其是关注在低碳经济下与人类社会发展起到正面作用的"颠覆性技术"。在 ITalk 上，往往有"春江水暖鸭先知"的预见性，如第 39 期台湾软件架构设计师高焕堂开讲的"Android 和 Android market 带来的产业机会和策略"、第 43 期上海市计算技术研究所王漫博士开讲的"物联网展望"、第 54 期中科院计算所王海军博士开讲的"云计算和高性能计算发展趋势"、第 60 期 IBM 中国研究院上海分院院长黄莹开讲的"智慧城市"等，专家们对前沿创新技术进行分析和预测，介绍了行业发展趋势。ITalk 关注创新产品，面向初创型的孵化企业和创业团队，为他们提供一个新产品、新项目发布的平台。ITalk 关注政策趋势，在 ITalk 活动中，如何把握政策和政府政策活动一直是一抹亮色。主题为"详解科技基金政策"的 ITalk 上，浦东新区科协副秘书长蒲泽民、浦东新区科委基金主任助理朱钧及浦东新区科委信息化推进中心等相关部门领导向在座的 50 多家企业负责人介绍了政策的最新情况、申报的条件、流程和具体经验，深受欢迎。

ITalk 沙龙还为创业者提供展示平台。第 46 期来自上海大汉三通公司总经理高比布开讲了《一个"张江男"的创业故事》，引起了与会人员共鸣。

☞［案例2］

山东省微山县科协整合资源，搭建为高层次人才服务平台，助力县域经济社会科学发展

2012年11月，经过两个多月的紧张筹备，由微山县科协联合县委组织部人才办承办的山东微山博士联谊会成立大会暨微山湖博士论坛在北京贵都大酒店隆重举行，来自北京、上海、西安等地区的60名微山籍博士联谊会会员代表、县直有关部门负责人和企业家代表参加了此次会议，会上还为"山东微山博士联谊会"和"微山县高层人才创新创业中心"揭牌。

山东微山博士联谊会是济宁市首家县区级博士联谊会，目前已有72名博士自愿申请成为首批会员。该联谊会以微山籍海内外博士为主体，会员都是高层次专业技术人才。通过联谊会的形式，为海内外微山籍和关心微山的高层次人才搭建起思想和学术交流的良好平台，使广大高端人才能够密切交流合作，碰撞智慧火花，获取更多前沿知识。同时"联谊会"将充分发挥好智囊团、专家库的作用，依托多学科、多行业、高智能的群体优势，以亲情乡情友情为纽带，积极开展

联谊、调研、学术讨论、志愿服务等活动，形成微山高层次人才板块，为经济社会科学发展提供强有力的人才支持和智力保障。

　　人才资源是第一资源，科学技术是第一生产力。科协是科技工作者的群众组织，科协工作与人才工作有着本质的联系，是党和政府科技工作的重要组成部分，也是人才工作的重要组成部分。微山县科协历来高度重视人才工作，通过建立高层次人才信息库，联系和团结广大科技工作者，调动他们的积极性和创造性。山东微山博士联谊会的成立，为加强博士间的交流与合作，加强博士与企业、政府间的联系，加强微山籍博士与国内外学术界的交流搭建了平台；进一步增强了高层次人才的归属感，激励他们情系桑梓，为家乡的发展贡献自己的智慧和力量，把思乡之情化作助乡之力，必将有效地推动微山县科技人才队伍整体素质和学术水平的提高。

　　（摘编自济宁科普网）

☞［案例3］

辽宁省辽阳县科协积极
发挥自身职能，搭建多层次科技平台

　　"十一五"期间，辽阳县科协积极发挥自身职能，积极搭建多层次科技平台，为县域经济发展做出突出贡献。

县科协以创建科普示范县工作为契机，完善基层科协组织，全面推进科普工作。"十一五"期间，全县先后成立了21个乡镇科协，各乡镇党委副书记任科协主席，设科协秘书。成立和调整了林业、情报信息、畜牧兽医、财会、珠算、农学、电机工程、公路、水利、水产、环保、医学、护理、农机、德育、通信、建筑、教育心理共18个学会，会员数1291人。同时，在242个村中，发展起来农技协133个，理事长133人，副理事长185人，会员2793人。2003年9月地处辽阳县的辽宁通达建材有限公司还成立了企业科协。

县科协在县委、县政府指导下，加大科普惠农工作力度。县科协年年都组织由农口各部门专业技术讲师团（下设水稻、畜牧、水产、林业、果树、蚕业6个科技服务小分队），针对不同农时，根据基层需要，深入广大农村进行种植、养殖、林果、蚕业、畜牧、水产等方面传授先进的农业实用技术。同时，积极组织农村基层党员干部群众参加农函大学习和培训，使他们成为奔小康的致富能手和致富带头人。到2010年，全县农函大学员21370人。自2002年起，辽阳县每年都进行"科普之冬"活动，每次活动当场为群众发放科技书籍，为农民答疑解惑，深受欢迎。县科协连续10年获省"科普之冬"先进单位。2006年辽阳县被省科协确定为科普惠农兴村计划重点县。

县科协组建科技信息服务站。2007 年，县科协与县移动公司联合组建科技信息服务站。服务站由县、乡镇、村三级平台组成，总站设在县科协，根据不同农时准确按时向乡镇服务站发布信息，乡镇服务站按总站的要求，及时向村服务分站发布信息，最后发送到农户手机上。到 2010 年，全县共建成县、乡镇、村、农技协会信息服务站 275 个，安装信息机 275 部，确定信息员 275 名，配备微机 19 台，聘请农口专家 7 名，三级平台每年发布信息近 60 万条，受益农民达 4 万多人。

县科协和县教体局组织全县广大青少年开展生物和环境科学实践科技创新大赛和创建青少年科技发明学校等活动，每年都有新作品出现，激发了青少年对科学的兴趣，增强了他们的综合能力、动手能力和创造能力，促进青少年科学素质的提高。全县每年有 200 项参加这项活动，而且年年有总结表彰，并把突出项目申报到省、市科协参加评选。为进一步培养青少年的创新精神，提高未成年人的科学素养，推进素质教育，县科协还参与组织在黄金小学、刘二堡镇东堡小学举办两次中小学生科技节。

近几年来，县科协注重抓农技协典型，先后成立了小屯镇山野菜种植协会、刘二堡镇养猪协会、首山乡中草药种植协会、河栏镇大榛子种植协会、沙岭镇金山屯村鹌鹑养殖协会等134个农技协，吸收会员34582人，并充分发挥农技协的辐射作用，从而带动周边群众共同致富。2005年小屯镇山野菜种植协会野菜生产项目被市政府命名为辽阳市农业六大支柱产业之一。

几年来，辽阳县科协组织各学会征集学术论文3000余篇，每年组织学术考察、调研和国际（地区）民间交流，学先进找差距，先后共有20余篇优秀论文获省、市科协表彰。

（摘编自农业部网站文章）

☞［案例4］

新疆维吾尔自治区乌什县科协通过技术培训，加强农村实用人才队伍建设

乌什县科协大力实施继续教育培训，积极开展实用技术技能培训，不断提高农村实用技术人才的整体素质。县科协一是坚持不唯身份、不唯学历，农民可以成为人才的观点；二是树立大人才工作理念，加大组织推进力度，把农村实用人才队伍建设作为全县人才工作的重点之一，纳入各级党委和政府的重要议事日程；三是加大宣传力度，充分利用电视、广播等媒体大力宣传农村人才开发的意义和成果，提高人们对农村

实用人才的思想认识。乌什县每年及时总结选出一批辐射面广、经济效益高的"土专家"、"田秀才"式乡土人才典型，召开经验交流会，现身说法，有力地激发了广大农牧民群众学科技、用科技的积极性，培养储备了一批新型实用农村人才队伍。

近年来，乌什县相继出台了《乌什县拔尖人才评选奖励办法》、《关于组织科技人员开展科技创新、科技示范的决定》、《乌什县科技发展"十一五"规划》、《乌什县 2005—2010 年科技工作计划》、《关于加快社会主义新农村建设步伐的实施意见》、《进一步加快推进林果业发展的决定》及《乌什县城乡劳动力技能培训实施方案》等文件，为农村实用技术人才队伍建设提供了政策和制度保障。县科协主抓农民技术员职称评定工作，主要工作职责和任务是加强农村实用技术人才的职称评审推荐；积极与农村实用技术人才联系沟通，调查了解所需技术，及时帮助解决实际生产中的技术难关；发挥典型带动作用，对那些在一方做出较大贡献的实用人才，给予一定的精神和物质奖励，以使他们更好地带领周边农牧民共同致富奔小康；利用农闲时间加强农牧民的各类培训，帮助他们掌握一门或多门实用技术，为农村劳动力更好地进行生产经营活动和再就业奠定基础。

在强化培训，努力提高农村实用技术人才的整体素质方面，乌什县科协也推出了一系列措施。大力实施继续教育培训和实用技术培训，依托县党校、农广校、职业中学乡村农牧民文化活动中心，开办各类专业技术培训班；组织中青年农民参加地区举办的林果业及温室蔬菜栽培培训班；依托农林牧生产示范点和基地，组织专家下乡举办专题讲座，大力培训开发适合地方产业特色的种植、养殖专业型实用人才。同时通过开展"科技之冬"、"科技之秋"等一系列的技术技能培训活动，使农村实用技术人才的素质得到了较大的提高，已有一大批农村乡土人才领取了《绿色证书》。

在人才培养过程中，乌什县科协立足当地，有明确的培养目标。近几年，先后培养农机手549人，提高了农业机械化程度；培养村级防疫员116人，为及时完成各种畜禽疫苗注射和避免重大疫情发生提供人才保障；培养果树嫁接能手229人，全面完成了全县96%的果树嫁接任务；加强了43名护林员的管理，根据托什干河河谷分布面积进行合理安排，做到责任到人，管护到位；选送97人到地区职业技术学院培训，提高了他们的实用技术运用水平。在农技推广、果树栽培、动物疫病的防治、畜种改良以及农牧区生产的各个方面，各类实用技术人才在建设社会主义新农村进程中做出不可替代的重要贡献，成为名副其实的乡村建设主力军。

☞ ［案例 5］

山东省郯城县科协重视科技辅导员培训，建立青少年科技辅导站，使之成为青少年科普工作的重要抓手

郯城县青少年科普工作一直由科协、教育局等单位、部门协同开展，依靠各学校的科技辅导员共同组织推进。"穷则思，思则变"。2000 年，为保证县青少年科普工作有坚实的依托，县科协联合县教育局、环保局率先成立了全市第一家县级青少年科技辅导站，专门负责开展青少年科普工作。

科技辅导员是青少年科普教育的中坚力量，为了加强青少年科技辅导队伍建设，先后积极组织科技辅导员参加各种"科技辅导员培训班"60 余期，培训科技辅导员 450 余人次，参加、观摩国家、省、市青少年科技创新大赛 18 次，开展科技辅导员科技知识竞赛 12 次，形成科技辅导员比素质、辅导学生比能力的浓厚科技教育氛围。

二、着力培养乡土人才

为推进社会主义新农村建设，需要培养大批适应农

村经济社会发展需要的乡土人才，以更好地带动农村社会经济发展。相比其他各类科技人才，乡土人才来源于基层，植根于基层，服务于基层，更为熟悉农民的实际需要，具有明显的社会影响和广泛的示范带头作用。各地县级科协及基层科协在培养乡土人才、发现乡土人才、使用乡土人才等方面积累了许多好经验好做法，值得推广。例如，建设人才基地，夯实农村乡土人才培养基础；送科技到基层，创新乡土人才培训模式；整合科技资源，提高群众科技素质；进行跟踪管理，做好劳动力培训转移工作等。

☞ [案例1]

新疆维吾尔自治区额敏县科协通过"三培训、三帮带、四机制"开发乡土人才资源

近年来，额敏县科协把开发乡土人才资源作为建设社会主义新农村的重要举措来抓，采取"三培训、三帮带、四机制"措施，有效地促进了农村经济社会又好又快地发展。目前，全县乡土人才总量达2864人，其中"田专家"883人，"土秀才"241人，致富能手507人、科技示范典型1233人；获得技术职称421人，获得"绿色技术"证书2100人。

"三培训"，提高乡土人才运用实用技术的水平。

额敏县科协通过实用技术培训、特色产业培训和新技术、新品种培训等手段，不断提高乡土人才运用使用技术的水平。为培养更多的掌握农村实用技术的乡土人才，先后举办了大棚蔬菜、特色农业种植、林果种植、家禽牲畜养殖等各类不同层次的乡土技术培训班198期，有4000余人掌握了1~2门实用技术，成为某一方面、某一行业的"行家里手"。为提高乡土人才发展农业产业化水平，额敏县科协以科技服务活动的开展为载体，定期组织涉农部门的技术人员上门服务，聘请24名农业、畜牧业、农机、水利和政策法规等方面的专家组建专家授课团和选聘51名"田专家"、"土秀才"、致富能手等组建"客座教授"团，通过讲学、示范、试验，提高乡土人才的实际操作水平。

"三帮带"，发挥乡土人才的带领作用。额敏县科协开展"结对帮扶"带富群众，坚持把乡土人才"带着群众干"作为发挥其作用的最佳突破口，通过开展"农业专家乡村行""科技特派员进乡入村"等活动，聘请50名优秀农村实用人才为县专家咨询服务团成员，聘请120名农村实用人才组成县"农技咨询服务中心"成员，通过"帮技术、帮咨询、帮示范"等措施，累计结对2187个农户，受帮扶的农户人均年增收400元以上。额敏县科协积极引导乡土人才建立"市场＋企业＋协会＋农户"机制，相继组建"打瓜产销协会"、"牛羊育肥协会"等各类农村专业合作社36个，

"蔬菜种植协会"、"番茄种植协会"等协会33个，采取产供销"一条龙"服务，已惠及农牧民11300余户，引进新品种、新技术21项，新建示范项目16个，直接或间接产生经济效益1100余万元。在带富群众方面，额敏县科协另一大举措是培育示范基地。通过广泛开展科技示范活动、培育初具规模的种植养殖基地、选派科技特派员驻乡入村扶持等方式培育了一批示范基地，带富周边群众。近两年，全县共选派15名科技特派员及176名村级科技副职到乡入村帮助当地群众创建种植、养殖示范基地，现建成科技示范乡（场）5个，科技示范村40个，培养出科技示范户1233户，共帮带农户6000余户，辐射带动3万余人学习专业技能。

"四机制"，优化乡土人才的创业环境。在优化乡土人才的创业环境方面，额敏县科协在政策、技术等4个方面开展了大量工作。在政策上，通过制定发布《关于大力推动科教兴县的决定》、《额敏县科技人才队伍建设五年规划》、《关于进一步加强农村乡土人才开发工作的通知》、《关于开展农民技术人员职称评定工作的通知》等一系列文件，对优秀拔尖乡土人才给予一定的物质奖励，并在学习培训、外出考察、职称评定等方面予以倾斜。在技术上，全县开通12582农信通服务热线，全天候为乡土人才及各族群众解难释困；建立"专家型"人才"一帮一"、"多帮一"结对服务，通过电话咨询、联系会议、实地指导等方式解决难题；开展"三下乡"、"向农村派出科技特派员"、"业务指导员服务"等活动，给予乡土人才技术帮扶。目前，累计有74名"专家型"人才与240余名中青年人才结成传、帮、带对子；聘请上级"业务指导员"78名，应邀前来讲课170余场（次）。

通过提高乡土人才的政治待遇，在政治上对其关心。努力发挥其积极性，各基层党委对乡土人才入党、推荐代表中适当考虑乡土人才的名额。目前，累计有60名优秀乡土人才担任乡镇党代表或人大代表，21名担任县级党代表或人大代表，119名担任村干部，203名加入党组织。额敏县科协除对作出突出贡献的乡土人才除给予适当的物质奖励外，还在精神上给予了鼓励，对被评为优秀乡土人才的由县委、政府颁发荣誉证书，并利用新闻媒体大张旗鼓地宣传他们的先进事迹。近两年，共评选了2名优秀科技特派员，5名优秀乡土人才为县级"劳动模范"。

（摘编自中国科协网文章；原稿为额敏县科协供稿）

☞ ［案例2］

浙江省泰顺县科协积极
参与"师傅带徒弟"活动，推动人才强县

2012年9月，泰顺县科协积极参与县委组织部在

泰顺县范围内开展"师傅带徒弟"活动。该项活动的目的是通过传帮带，培养出更多的乡土人才、科技人才。这是泰顺县科协认真做好科技人才工作的一项重大举措。作为经济欠发达山区县，近年来泰顺县审时度势，克服产业层次、区位条件、经济待遇、政策环境等相对劣势，突出得天独厚的生态环境、日趋改善的区位条件、特色差异化的产业结构等比较优势，制定人才发展规划，出台用才、引才、留才的优惠政策，先后开展了"580海外精英引进计划"、高级人才"师傅带徒弟"等活动，真正做到了引进人才、用好人才、留住人才"三管"齐下。

高级人才"师傅带徒弟"活动以挖掘、继承、发扬各行业的专业技术和优秀技能为重点，紧密结合企事业单位的自主创新、提质降耗、强效革新等生产技术实际，以泰顺县的省"新世纪151人才"、市"新世纪551人才"、县"双人才"以及具有专业技术和优秀技能的人才为"师傅"主体，在泰顺县各部门、各单位的关键、重点、高技能岗位范围内选拔、推荐"师傅"。原则上"名师"要有高级及以上职称或劳动技能等级；徒弟的职称为初级以下（含初级），年龄在35周岁以下（含35周岁）。凡是符合条件的对象由本单位推荐，或由同行、业务主管部门推荐，也可以由本人自荐。县人才办、县科协等部门将综合全县情况，从中选拔10名左右的"师傅"，与徒弟结成师徒对子（每名"师傅"带3~5名徒弟），开展为期一年的"师傅带徒弟"活动。

（摘编自浙江省科协网文章）

☞［案例3］

<h1 style="text-align:center">浙江省长兴县科协创新
工作方法，加快科技人才培养</h1>

近年来，长兴县科协始终把为人才培养提供优质服务作为坚定党组织执行力的保证，创新工作方法，围绕人才成长提供优质服务，充分发挥广大科技人员的智库作用，为助推县域经济社会发展提供人才支撑。

评先奖优，激励科技人员施展才华。长兴县科协开展自然科学优秀论文和"长兴县十佳科技工作者"评选活动，积极鼓励科技人员为县域经济社会发展建言献策，"浙江省绿色动力能源集成创新公共服务平台"便在这种环境下孕育而生。目前，"平台"已投入使用并发挥功能。

立项资助，鼓励学（协）会积极开展学术交流。长兴县科协所属县级学（协）会21个，涉及农、林、水、医等与民众生产、生活密切相关的学科，对推动经济社会发展起着重要的作用。为此，长兴县科协建立学术交流立项补助机制，通过立项资助，大大提高学（协）会举办、承办和参加各类区域性、全国性学术交流的积极性，也为广大专业技术人员成才提供了舞台。

出台政策，力促青年科技人才健康成长。为重点培养青年科技人才，长兴县科协每年投入 10 万元专项经费，用于资助 35 周岁以下、副高以下职称的青年科技工作者。同时，将民营企业科技人员职称评审纳入县职称评审范围，为民营企业科技人员职称认定评审解决了实际困难，有力助推广大科技人员健康成长。

（摘编自湖州市科协网文章）

☞［案例4］

重庆市彭水县科协抓好
"四项举措"，培养新型农村实用人才

近年来，彭水县科协以提升农民综合素质为切入点，通过岗位培训、技术交流、科技示范等方式，不断加大农村实用人才开发力度，培养了一大批技术过硬、带动能力强、适应现代农业发展要求的种植、养殖、加工能手。县科协的四项举措如下：

一是领导重视重规划。县科协把农村实用人才队伍建设纳入全县经济社会发展总体规划，明确提出"培育和壮大农村实用人才队伍"的目标。2012 年，县科协先后 2 次开展了农村实用人才资源调研和专题调查活动，对农村中 637 名懂经济、会经营、精技艺、头脑活的乡村干部、党员、专业户、带头人等乡土能人分类登记，建立了农村实用人才信息库，实行动态管理，优胜劣汰。

二是注重培训求实效。县科协充分整合县域内培训资源，积极依托各类培训机构及行业组织，开展多渠道、多层次、多形式的农村实用人才教育培训。定期开展果树栽培、水产养殖、特色种植等实用技术培训。把课堂搬到基地里，轮换组织回乡青年和有一定实用技术基础的农民到基地学习，亲身实践，实现学行相结合。县科协每年举办农技培训班 10 余期，免费安排有培训需求的农民入学，开展规范的职业技能、农业技术培训，培养了一大批多技能型人才，促进农民增收。

三是政策扶持优环境。县科协优化农村实用人才创业发展环境，鼓励他们放手发展，勇做群众致富的带头人。县、乡两级成立了"农业技术推广中心"，发展乡、村农技员 310 余人，农村实用人才创业技术扶持网络初步形成。积极引导农村实用人才创办各种协会或专业合作社组织，将同行业的实用人才组织起来，引导他们搞好联合经营。目前，全县建立生猪、茶叶、养鱼、蔬菜等农业专业协会 56 个、农业专业合作社 68 个，聚集种养殖能手、经纪人 350 余人，促进了人才支撑产业和培养人才的互动双赢。

四是完善机制强管理。县科协积极探索科学、有效的管理方式，促进全县农村实用人才建设工作逐步规范化、制度化。对有一定技术专长的土专家、农间能手评定职称，授予资格证书。对优秀农村人才授予相应的荣誉称号，针对不同专长的农村人才发放如"党员科技示范户"、"种植能手"等证书或牌匾，真正在全县形成鼓励农村人才干事业、支持农村人才干成事业、帮助农村人才干好事业的良好社会环境。

（摘编自重庆科协网文章）

☞［案例5］

辽宁省昌图县多渠道培训农村实用人才

近年来，昌图县委、县政府进一步整合教育培训资源，以县科协为主训单位，每年都分类实施了以农村实用人才、实用技术为重点的科技培训工作，收到了理想的实际效果。培训主要分为四种类型：

第一类是利用农闲时间集中组织培训。每年至少两期（400 人以上），每期 3 天。聘请省内外专家、教授，采用先进的教学手段进行培训。如每年县科协都与县委组织部举办两期实用人才培训班，全县有 423 个村的村干部参加培训，具有实用性强、范围广、科技含量高的特点，都收到了良好的实效。在培训内容的选择上，既开设普及性的"大众化"的实用技术，更注重开设有针对性、应急性的"特设"课程。2009年10月份，昌图县科协针对农业生产百年不遇的特大旱灾，侧重于自然灾害的预防及灾后自救措施，开设了两期480多人参加的培训班。

第二类是县科协深入乡镇有针对性组织开展实用技术培训。围绕每个乡镇种养业的不同特点，聘请县内专家以及当地"土专家"、"田秀才"授课培训。如2010年1月14日，县科协在四面城镇举办冷棚香瓜种植技术培训班，全县200多冷棚香瓜种植大户参加培训，县果菜专家杨茂永做了专题讲座。1月20日，县科协在平安堡乡举办反季节蔬菜种植培训班。十里村党支部书记马春利等分别讲授了九月青豆角、红参胡萝卜种植技术，现场300名种植大户参加了培训。

第三类是县科协积极组织各学会利用"科普之冬"等活动广泛开展培训。从2009年12月初到2010年3月末的"科普之冬"活动期间，昌图县农学会分别在宝力、金家等二十几个乡镇举办农业技术培训班30期，培训乡村干部、技术骨干和农民5000人，培训内容有玉米栽培技术、花生新品种及高产技术、配方施肥技术、种肥识别技术、除草剂应用技术和玉米螟防治技术等。发放技术资料共5000余份。县畜牧学会投资 2 万余元，分 5 组对各乡镇养殖大户进行培训共 40 场，培训技术人员 1000 人、党员干部 500 人次、农民经纪人 200 人次，发放教材挂图等 2000 余份。

第四类是各乡镇科协根据当地实际情况举办不同内容和形式的科技培训活动。如亮中桥镇举办了黄牛育肥培训班，老城镇开展了农民科技"点菜"活动，昌图镇、泉头镇举办了榛子高产栽培技术培训班，朝阳镇、宝力镇举办了养鸡培训班，十八家子乡推广了新一代高科技自动大棚和食用菌栽培技术讲座。

昌图县科协通过各类培训活动的开展，全县每年受训群众占农村人口的 1/3 以上，极大地提高了全县农民依靠科技致富的本领。

（摘编自辽宁省科协网文章；原稿为昌图县科协邢国玉供稿）

三、表彰宣传优秀科技人才

表彰和宣传优秀科技人才，是加强科技人才队伍建设的重要内容之一，也是各级科协组织的工作任务之一。各地县级科协及基层科协在工作实践中，采取多种形式表彰和宣传优秀科技人才，营造真心爱惜科技人才、大胆使用科技人才的氛围，为科技人才创造良好环境，积极鼓励科技人才立足基层，建功立业，为当地经济社会发展服务。

☞ [案例1]

山西省和顺县科协高度重视科技人才,用沟通激活人才,用奖励鼓舞人才,用事业调动人才

近年来，和顺县科协在凝聚人才方面采取了"用举并重"的做法，取得了良好效果。所谓"用"，就是科协组织开展的各项活动，让他们广泛参与，施展才华。所谓"举"，就是在活动中发现人才，向社会各行各业举荐优秀服务专家，向县委、县政府举荐优秀人才，向县人大、县政协举荐代表和委员。其具体做法是：

一是摸清家底，用沟通激活人才。和顺县科协把全县近3000名专业人员全部建立档案，特别是对866名中级以上职称人员更是格外关注，经常深入他们的单位直接沟通，使广大科技人才感受到了科协作为"科技工作者之家"的温暖，掌握科技人员的动态，积极向不同行业推荐优秀专家，尤其是向广大农村推荐各类专家达31名，深受农民欢迎。

二是组织开展评选，用奖励鼓舞人才。如2009年开展的"五个10"系列活动，即10大科技贡献杰出人

物、10大科普功臣、10大科普带头人、10大科普基地、10大优秀协（学）会。通过媒体的宣传，引起县领导的高度重视和社会广泛关注，最终把评选出的优秀人才推荐到县委、县政府，给予了佳奖，并为优秀人才争取到生产、研发资金达1000万元，极大地提升了县科协在科技人才中的地位。

三是借助科普活动，用事业调动人才。近年来，县科协开展的各类科普活动都针对不同类型、不同专业，县科协聘请专门人才到现场开展咨询服务，使他们体验到广大学生、农民、工人、干部对专门人才需求和尊重，体验到科普事业给他们的专长带来施展的舞台，为他们工作带来的乐趣，极大地调动了广大科技人员参与活动、主动创业的积极性。

县科协通过采取"用举并重"的凝聚科技人才方式，使科技人才脱颖而出。近年来，有3名科技人员被选举为晋中市第三届人大代表和政协委员，有4名科技人员被晋中市委命名为优秀人才，有57名科技工作者被县委命名为优秀人才，有17名农牧优秀人才与农牧企业、协会结成了服务对结，有21名医生实现了挂牌服务。全民得到了实惠，由于广大科技人才的创优服务，使和顺县经济、社会等各项事业克服了金融危机、雪灾等重重困难，取得了全面发展。

☞［案例2］

安徽省灵璧县科协积极参与
"灵璧青年科技奖"评选工作，扶掖青年科技人才

自2002年开始，灵璧县科协会同县委组织部、县人事局联合开展"灵璧青年科技奖"评选工作，每两年评选一次。在评选中，县科协加强领导，精心组织，努力做好候选人的推荐与评选工作。积极拓宽推荐渠道，严格评选条件，保证评选质量，重点推荐长期在科研与生产第一线工作的优秀青年科技人才，并注意推荐在非公有制经济社会组织工作的优秀青年科技人才。拥护党的路线、方针、政策，热爱祖国，具有"献身、创新、求实、协作"的科学精神和优良的职业道德，学风正派的年龄在45周岁以下的青年科技人才，符合下列条件之一就可推选。在自然科学研究领域能敏锐地追踪本专业科技信息具有较强专业竞争潜力，取得重要的、创新的成就和作出较大贡献；在工程技术方面解决关键性技术难题，取得较大的、创造性的成果和作出贡献，并有显著应用成效；在科学技术普及、工农业生产一线科技成果推广转化、科技管理、青少年科技活动工作中取得突出成绩，产生较好的社会经济效益或生态效益。

县科协严格按程序办事，首先要求青年科技人才所

在单位推荐，其次根据收集评选材料情况，聘请相关专家组成专家评审小组，公平公正评选。确保程序的合法性、结果的公正性及公众的认可性。

实践证明，开展青年科技奖评选工作，对科技事业的发展是有利的，对青年科技人才的成长是有利的，对地方的经济发展是有利的。在此项工作的激励鼓舞下，一部分青年科技人才脱颖而出，成长为行业带头人或提拔为科技管理干部，推动了科技事业发展，促进了全县经济发展。

☞［案例3］

湖南省溆浦县科协扎实做好农民技术职称评定工作，调动农民技术人员积极性

近年来，溆浦县科协根据县委、县政府的"职称工作要向多种所有制成分延伸，要把开发农村乡土人才列入人事工作的一个重要内容，将农民技术人员职称评定作为乡土人才开发的一个重要方面"的要求，加快开发农村人才资源，给广大农村科技示范户开展科技服务提供职称支撑，在走访调查广大农村科技示范户的基础上，联合县人事局、农业局出台了《关于开展农民技术职称评定工作的实施意见》。凡是在农村第一线从事种植业、畜牧业、渔业、农副产品加工、林

业技术等行业的农村科技示范户和农民技术人员，都可以申请农民技术职称。农民技术职称的等级定为：农民技术员、农民助理技师、农民技师、农民高级技师。同时还规定，确有真才实学且有突出贡献的农民技术人员，不受学历和专业工作时间限制，可以破格晋升相应的技术职称。获省以上农业科技进步奖、技术推广奖、农业丰收奖和全国劳动模范、科普惠农兴村带头人荣誉的，可破格晋升农民高级技师职称。

溆浦县科协通过对广大农民技术人员进行职称评定，一方面调动了这批骨干力量的工作积极性和创造性，使他们在科教兴农的实际工作中发挥更大的作用，另一方面调动了全民学科学、用科学的热情，有利于全面提高人民群众的科技素质水平。农民技术人员职称评定，同时也是对农民技术人员的能力和水平的正确评价，有利于农民技术人员向外更好地推介自己，促进农村劳动力的转移就业。农民技术人员职称评定，还从另一个角度规范了行业标准，树立了榜样，可以带动农村各类人才的迅速成长，对建设社会主义新农村，满足社会主义市场经济发展需要起到积极的推动作用。

四、密切联系和服务科技人才

各地县级科协及基层科协在贯彻落实中国科协"三

服务—加强"的工作定位过程中，密切联系科技人才，为科技人才提供周到的服务，赢得科技人员的赞誉。各地县级科协及基层科协在联系、服务科技人才的实际工作中，制定联系制度，建立科技人才档案、人才库，力求全面掌握科技人才的专业特长、生活、工作、社会保障以及继续教育情况；发挥科协联系面广的优势，向有关部门反映他们的呼声和意见，帮助他们解决在生活、学习、工作上遇到的各种困难，使科技人才摆脱后顾之忧，轻装上阵。

☞ ［案例1］

浙江省象山县科协关心
科技人才，创建象山县科技人才俱乐部

为县科技人才尤其是外来科技人员安个"家"，是象山县科协的重要举措。通过建"家"，增强科技人员之间的交流，丰富他们的业余生活。建"家"还营造了尊重知识、尊重人才的良好氛围，有利于党和政府进一步加强与科技人才的联系。

象山县科技人才俱乐部的创建宗旨是以党的科技工作方针为准则，提供以人为本，营造宽松、活泼、积极向上的科技人员之家的氛围，增进友谊、沟通信息、丰富生活、切磋学术、加强合作，为象山的科技发展和经

济繁荣服务。俱乐部第一届会员共210名，其中外来科技人员98名。根据《俱乐部章程》，第一届会员大会选举产生理事会，理事会选出理事长一名，副理事长若干名，理事会下设秘书处，由秘书长、副秘书长若干人组成，秘书处在理事会领导下处理日常工作，秘书长为法人代表。

俱乐部由高、中级科技人员或相当职务的科技管理干部自愿组成，属非营利性的并依法登记的社会群众团体。俱乐部是象山县科协的成员单位，并接受县科协、县人事局的业务指导和县民政局的监督管理。俱乐部下分工业、农业、文教、卫生等若干界别小组。俱乐部有活动中心和办公地点，经费来自县的财政拨款、社会资助捐赠和会费收入等。

俱乐部的运作方式：一是开展"生动活泼、寓教于乐"的文体活动。俱乐部每年举办各类文体活动10次以上，尤其在春节、中秋两个传统节日，会员们欢聚一堂，用歌声和笑声庆祝团圆已成惯例。每逢星期天或节假日，俱乐部里人头攒动，唱歌的、跳舞的、打球的、下棋的、谈词作诗的各择所好，尽情放松欢娱。二是开展"关怀体贴、以情动人"的关爱活动。为科技人员送生日蛋糕和鲜花；会员可免费借阅书报刊，免挂号就诊看病等。俱乐部还定期召开各种形式的座谈会、谈心会、碰头会、大龄科技青年"鹊桥会"等，倾听会员的诉求和呼声，及时与党政有关部门沟通，反映意见，为科技人员排难解忧，维护科技人员的合法权益。三是开展"发人所长、以'趣'相联"的趣味活动。俱乐部会员根据个人喜好，自愿组成读书、摄影、书法和钓鱼四个兴趣小组。读书小组每月一次活动，并通过县图书馆的"塔山讲堂"平台带动科技人员之间的学术交流活动；摄影小组多为野外采风创作活动，不仅开阔了会员的视野，还丰富了会员的业余生活；书法小组每逢星期日相聚在活动中心，泼墨挥毫，切磋技艺；钓鱼小组活动最频繁，不管是炎夏酷暑或严冬腊月，都无法阻挡他们的"渔趣"。

☞［案例2］

湖北省英山县科协在"活"字上下功夫，做活农村实用人才开发这篇大文章

英山县科协从山区农业县的实际出发，紧紧依托自然资源，从提高素质、优化结构、合理布局、壮大队伍入手，在"活"字上下功夫，有针对性地采取以下措施，做活农村实用人才开发这篇大文章。

在政策上用"活"。农村科普实用人才开发工作涉及方方面面，需要各相关部门密切配合，协调一致，形成合力。因此，县组织人事部门充分用活政策，坚持以政策支持为主，各专业部门以行政支持为主，县科协

等群团组织以实践活动协调配合，组织完善对农村科普实用人才的规划、选拔、培训、表彰奖励等相关政策规定，并负责协调和组织实施。

在管理上用"活"。把农村科普实用人才纳入县组织人事部门及科协组织的管理中来。在实施"乡村科普实用人才工程"中，分清层次，实行三级管理。通过挖掘、培养、开发，在全县选拔出一定数量的高级农村科普实用人才、中级的拔尖人才和初级的农村科普实用人才，从而在全县形成一支规模宏大的农村科普实用人才队伍。同时，县组织人事部门及科协组织还建立了农村科普实用人才档案库，做到"一乡一库，一村一册，一人一档"，并实行动态管理，每年一考核，三年一选拔，对入选的农村科普实用人才，县委、县政府适时进行表彰奖励。

在机制上用"活"。一是制定培训规划。把农村科普实用人才培养纳入当地经济和社会发展总体布局之中，统筹考虑，同步推进。二是采取集中培训、现场培训、组织专家巡回授课等方式，大力培养农村实用科技型科普人才，解决现有科普实用人才资源数量、质量、结构及分布等方面不足的问题，普遍提高农村科普实用人才队伍素质。三是搞好培训基地建设。以县、乡科普人才为主体和依托，利用农村人才市场服务网络，不定期举办农村实用科普人才交流会，使农村科普人才市场成为农村人才积聚的基地、交流的场地、信息的集散地，并积极探索多层次、多渠道培训实用科普人才的有效途径，利用人才培训基地、农校、农函大、农技协、农村科普示范基地、各种实用技能短训等方式，多方培训农村急需的各类科普实用人才。

在使用上用"活"。在使用农村科普实用人才工作中，英山县着重抓好挖掘培养和使用。根据资源挖掘科普人才：一是在率先致富的人员中找，即从那些种植、养殖、加工、运输专业户中找；二是在有文化、有头脑、悟性强、有培训前途的青年中找；三是在有专长、有技能的能工巧匠、"土专家"、"田秀才"中找；四是从那些为农村科技成果转让、农产品销售等牵线搭桥的农村经纪人中找；五是设热线电话、便民信箱，从自荐、推荐的人才中找。在使用上坚持用其所长、避其所短的原则，不求全责备，让能人挑大梁。乡镇涉农站（所）、乡镇企业等技术、经营管理岗位以及乡镇村干部岗位补充人员，优先从获得市级以上、农村中级技术职称以上或被授予市级荣誉称号的实用人才中择优录用，让农村科普实用人才也能在干部和技术岗位上充分施展才华。近年来，英山县部分乡镇在这方面开展了一些有益的探索，注重和选拔了一批有实践经验、年富力强的科普实用人才，担任村支部书记和村主任，发挥了很好的作用。

（摘编自中国科协网文章；原稿为湖北省科协投稿）

☞ [案例3]

浙江省文成县科协通过"聚才＋育才＋用才"模式,搭建起服务三农发展的人才"航母"

——乡土人才联合会

建立一支适应农村经济社会发展的乡土人才队伍,是推动山区农村经济发展的重要力量。2011 年,文成县科协创新工作思路,通过"聚才＋育才＋用才"模式,搭建起服务三农发展的人才"航母",在全省率先成立农村乡土人才联合会。

"综合聚才模式"助推农业增效。联合会成立以来,文成县科协逐步完善了全县农村乡土人才库,入库乡土人才 500 多名,其中包括一大批懂技术、善经营、会管理、能带动农民创业致富奔小康的"土专家"、"田秀才"。县科协的具体做法:一是政策聚才增动力。先后出台《关于加强文成县农村乡土人才队伍建设的实施意见》、《文成县乡土人才认定标准》、《文成县乡土人才选拔管理暂行办法》等一系列文件,县级优秀农村乡土人才不仅享受每月 100 元的政府津贴,还在项目审批、土地流转、税收信贷等方面享有优先权和扶持。设置了农民技术人员职称 13 个专业 4 个等级,获评职称的农民技术人员达 800 多人。积极开展乡土人才和优秀乡土人才评选活动,先后开展三轮评选,共评出县级优秀乡土人才 110 名、市级优秀农村实用技术人才 21 名。二是分类聚才强实力。成立以各类乡土人才为主体的种植、养殖、营销等七大产业综合性协会，8 个专业小组，将"诸路兵种"实现"收编"扩能，改变了农村专业合作社单兵作战状况，形成产业之间优劣互补，齐头并进态势，从而使农村乡土人才实力最大化，经济效益最大化。三是服务聚才激活力。成立农村乡土人才服务站或合作社，将全县 500 名农村种养殖大户、农村经纪人和农民企业家纳入服务网络，围绕茶叶、杨梅等农业主导产业，有针对性地提供技术指导、市场信息、排忧解难等方面的服务。如二源绿色联农合作社、南田农副产品产销合作社等 13 个合作组织，及时为农户提供市场信息，使当地 90% 以上的蔬菜、水果、茶叶、绿色稻米、花卉苗木等产品远销上海、杭州等地。

"规模育才模式"引航农民致富。联合会注重发挥自身资源、人员、信息等方面优势，整合会员力量，切实开展专题性、针对性的农村实用技术培训，在引领农民致富上发挥了巨大的作用。县科协的具体做法：一是集中培训提升一批。以"党员富民工程"和"百万农村劳动力素质培训工程"为载体，依托农函大和县、乡镇党校等各类宣传阵地，建立农民培训中心，着重对乡土人才进行现代科技、市场经济、农村实用新技术知识的培训。二是借助外力催生一批。县科协与浙江师范大学、浙江科技学院、浙江工业大学分别结成校地长期科技协作关系，以引进、筛选新技术、新品种为重要抓手，开展现场观摩、会员帮带活动。邀请高等院校及科研院所的专家和外地有经验的专业技术人员前来讲课培训、蹲点指导，帮助农户解决生产过程中的技术难题。并选送一批农村乡土人才到发达地区学习"取经"。三是产业示范帮带一批。通过大力培育农业龙头企业，形成"企业＋基地＋农户"的组织模式，上联市场、下带农户，为农村乡土人才搭建了创业协作的平台，并通过优化产品品质、强化企业竞争力，提升各类产业规避风险的能力。到2012年，全县共创建农村乡土人才科技示范基地20余个，其中市级科普示范基地10个。

"平台用才模式"护航农村发展。联合会依托村级阵地、龙头企业、示范基地三大平台，针对不同乡镇、社区、农村产业发展的现状与特色，综合考虑各地需求的不同，积极为会员发挥作用搭建舞台，做到人尽其才，才尽其用。县科协的具体做法：一是带着责任助改。在城乡统筹改革一系列利好政策不断落实和深化的过程中，发挥好乡土人才"农民代言人"的角色，立足于自身的知识、技能、市场、资金等各种优势，切实带动周边农民积极参与到三分三改工作中的资金和土地流转，盘活农村资产，破除山区农业现代化推进过程中土地等要素制约，为特色产业做大做强提供保障。二是带着感情帮困。组织乡土人才联系困难户结对帮扶,"授鱼"且"授渔",牵手农村发展困难户,充分发挥乡土人才懂技术、会生产、善经营、信息灵的优势,组织困难户与产业大户、种养殖户"结对子",签订帮培协议书,制订帮扶目标、明确帮扶任务,进行"一对一"传授技术经验,共结成帮扶对子896人。三是带着项目促发展。通过联合与合作等方式,推动本土中小型农产品加工企业规模化,实现优势产品向优势企业集中。重点围绕茶叶、蔬果、林竹、优质稻米五大产业,通过精深加工、延长产业链等,精心包装、设计一批农产品加工项目对外招商,提升产品核心竞争力。如省级农业龙头企业,文成亨哈山珍食品公司,集中各类乡土人才50余名,进行农产品研发、加工、销售,年销售总额达1.2亿元,每年为6000多农户增加4000多万元收入。

(摘编自浙江省科协网文章;原稿为文成县科协供稿)

☞ [案例4]

内蒙古自治区武川县科协用真情服务科技人才

多年来,武川县科协以关注民生为己任,认真倾听科技人才的呼声,反映科技人才的诉求,积极协调解决科技人员工作、生活上的困难,努力为他们提供周到、真诚的服务。

一是加强对县域科技人才的真实状况的了解。县科协本着以点盖面，见一斑识全豹的思想，从县域内不同地区，不同行业（包括农民、村干部）中选出一些有代表性的关注民生，崇尚科学的有识之士作为信息员，定期上报有价值的信息，了解和掌握县域科技人才的真实状况，摸清影响科技人才状况、面临的主要问题和全社会关注的民生问题。

二是开展深入细致的调查研究。县科协深入县内农、牧、林、水、气象、卫生等部门，在技术人员、工程技术人员、医护人员、教师中采取随机抽样的方法对他们的生活状况、工作状况、健康状况、继续教育状况、权益保障状况和思想状况进行调查，了解他们在工作和生活中想什么、要什么、想怎样、要怎样，然后归类存档。在掌握大量信息的基础上，2008 年在中国科协网科技工作者点上报的《乡村兽医科技工作者待遇堪忧》、《武川县国有林场科技工作者工资偏低急需解决》两篇信息被中国科协采用，受到了中国科协的表扬。

三是深入基层、以心交心。县科协不定期地邀请县内各部门有代表性的科技人才召开座谈会，让他们畅所欲言，了解他们的心声，征求他们的建议和意见，同时也深入基层，走访村干部，到科技工作者家中和农户家中，倾听他们的呼声，了解他们关心的热点、焦点问题，通过促膝谈心真正走进了他们的内心世界，了解了他们的意见、需求和困难。经过深入细致的工作，2009 年上报的信息论文《武川县农业科技人员待遇有待改善》、《武川县医务工作者现状与思考》、《对武川县新型合作医疗制度的几点思考与建议》被中国科协采纳。2010 年 4 月，中国科协在四川省简阳市召开的"全国科技工作者状况调查站点培训班"上对武川县科协的调查站点工作给予了表扬。

第七章

加强科协组织建设

　　科协组织建设是科协履行联系广大科技工作者"桥梁"和"纽带"职责的重要保证。2007年初，中央书记处指出，"哪里有科技工作者，科协的工作就要做到哪里；哪里科技工作者密集，科协的组织就要建到哪里；哪里建立了科协组织，建家交友活动就要做到哪里。"

　　根据《中国科学技术协会章程》，中国科协的基层组织是指科学技术工作者集中的企业事业单位和有条件的乡镇、街道等建立的科学技术协会（科学技术普及协会），接受地方科学技术协会的业务指导。县（市）、区级学会与基层组织共同组成县（市）、区级科学技术协会。因此，科协的基层组织建设，就是以加强县级科协组织建设为主要着力点，推动农技协，乡镇、街道、企业、事业单位等科协的组织建设。

一般而言，科协组织建设包括机构建设、制度建设和队伍建设三个方面。只有加强科协基层组织建设，才能迅速扩大科协组织的覆盖面，提高其影响力，夯实组织基础；只有推动科协组织建设创新发展，才能使科协的工作永葆活力。

一、夯实县级科协组织建设基础

县级科协是科协系统中承上启下的一级组织，具有直接面向基层、服务对象多样、工作任务繁杂、促进经济发展作用明显等特点。因此，县级科协要切实发挥自身作用，组织建设就显得十分重要。长期以来，一些地方的县级科协结合贯彻落实党和国家的方针政策、服务当地经济建设、推进社会发展，积极探索加强组织建设的新模式和新方法，取得明显收效。

☞ [案例1]

宁夏回族自治区贺兰县科协
加强乡镇科协组织建设有"六抓"

近年来，贺兰县科协开展农村科普工作有声有色，较好地发挥了科普工作主力军的作用，这跟县科协狠抓乡镇科协组织建设工作是分不开的。归纳起来，贺兰县科协的乡镇科协组织建设有"六抓"，即：抓组织、抓阵地、抓队伍、抓活动、抓服务、抓考核。

一是抓组织建设，增强自身实力。县科协积极争取各级党委、政府的支持，建立健全了乡镇科协的各项制度，把那些政治坚定、工作责任心强、勇于创新，科技人员信任的年轻乡镇干部和科技骨干选进科协组织，同时加强培训交流，把乡镇科协建设成为政治坚定、团结协作、勇于创新、精干高效、结构合理的集体。到2012年底，全县4镇1乡2个农牧场都建立了科协组织，由乡镇场副书记或副乡（镇）长任科协主席，县上专门配备了7个科教专干，兼任科协秘书长。全县形成了以县科协为龙头，乡镇科协为骨干，专业技术协会、科普宣传员、科普志愿者队伍为纽带，科技示范户、科技带头人为辐射点的科普服务体系。

二是抓阵地建设，改善科普设施。科普橱窗、科普阅览室、科普活动中心等科普设施、阵地是科普的基础性工作。县科协一直以来都从推动科普工作、提升公众科学文化素质和提升科协形象的高度来认识加强科普设施、阵地建设的重要性，并抓住有利时机，整合各种资源，加大科普基础设施建设的投入力度，积极推进县级农村科普示范基地、科普惠农服务站、科普宣传栏、农村科普图书室的建设，全县4镇1乡2个农牧场均设有科普活动中心，科普设施有保证。

三是抓队伍建设，提高人员素质。县科协非常注重加强村级科普组织建设工作，在基层广泛开展了农村党员、基层干部实用技术和市场经济知识培训。结合当地实际主要在农村政策法规、农村发展与村镇建设、市场经济基础知识等方面加强培训。通过培训，使基层干部和45岁以下的农村党员至少掌握一两门实用生产技术和经营管理知识，并使其中一批人达到农民技术员、农民技师、经济师以上水平，逐步建设一支政治素质高、业务能力强的农村科普干部队伍。

四是抓活动，丰富工作内容。县科协积极指导乡镇科协围绕贯彻《科普法》和实施《全民科学素质行动计划纲要》，结合当地经济社会发展的实际需要，开展各种行之有效的科技、科普活动。面向广大农民，普及科技知识，培训实用技术，改变陋习，倡导科学文明的生活方式，解答群众关注的热点、难点问题。

五是抓服务，提高工作效果。县科协切实改变工作作风和工作方法，坚持"三服务一加强"的工作方针，努力提高为乡镇科协工作服务的能力，在服务中加强指导，在指导中提高水平。充分发挥农村实用技术讲师团的作用，深入农村，走近农户，把服务送到家；定期对乡镇科协秘书长进行业务培训，以提高他们的工作水平；进一步规范、扶持农村专业技术协会的发展；实施科普惠农工程；开展科技、文化下乡活动，丰富农村精神文化生活。

六是抓考核，调动工作积极性。为切实加强基层科协组织建设，提高基层科协组织的工作能力和水平，奖优罚劣，每个年度结束，贺兰县科协都按照《贺兰县年度乡镇场科协工作考核办法》对全县各乡镇场科协工作进行目标考核。考核满分为100分，考核内容包括4大项19小项，年底，在各乡镇场自查的基础上，县科协组织考核小组，考核采取听汇报、查档案资料、实地查看的方式，将日常考核和年终考核相结合。考核结果按分数高低排名给予物质奖励，同时考核结果将作为各级各类评优创先的先决条件予以推荐上报，极大地调动了基层科协的积极性。

（摘编自中国科协网文章；宁夏科协供稿）

☞［案例2］

浙江省嘉善县科协强化自身葆活力

嘉善县科协在开展科协各项工作中，始终把优化自身建设作为坚持与时俱进、开拓创新、争先创优工作的基础来抓。以"学习型、创新型、服务型、效能型、廉洁型"为主要内容的"五型"机关创建活动为载体，抓好制度创新，探索长效机制，提高工作效能，加强科协机关干部理论修养和能力建设。

根据县委的部署，2006—2010年，县科协先后开展了"三创一争"、"十七大精神宣传教育"、"学习实践科学发展观"、"创先争优"等主题学教活动。县科协机关全体同志组织学与自学相结合，利用网络、党员手机报、书报杂志等学习途径，通过理论学习中心组、支部学习会等多种方式，学习各类政治理论和业务知识，撰写心得体会文章和调研报告。加强与有关部门的沟通联系，积极推动科协工作融入社会。经常深入镇、村（社区）、县级有关学（协）会、企业开展调查研究，了解基层情况，形成了讲科学、爱科学、学科学、用科学的良好风尚。

2006—2010 年，县科协不断完善镇（街道）科协考核标准，分组织建设、科普宣传、科技培训等10 个方面规范镇（街道）科协工作，促进基层科协工作平衡发展；开展"星级学会"的评比活动，加强学（协）会自身建设，推动学会工作再上新台阶。以制度建设带动效能建设，提高了科协工作效率。

（摘编自浙江省科协网文章）

☞ ［案例 3］

湖南省石门县科协采用"抓项目、树品牌、强实力、活人才"的工作方略，科协工作实现弯道超车与科学跨越

科协工作如何搞？石门县科协结合当地的实际发展，采用"抓项目、树品牌、强实力、活人才"的工作方略，加强交流学习，能力建设步入新水平。

石门县科协的做法包括：①实地考察学，县科协的同志几乎每年都要到先进地区开展学习考察和参观活动。省内来讲，三湘四水都去过；省外来讲，每年组织外省、市和地区考察活动在 10 次以上。②借助网络学，全国各省、市、县科协大都建立了展示形象的对外窗口，点击网络便可发现其他地方科协工作的"亮点"。2004 年底，在电脑还不十分普及的时候，石门县科协就建立了对外宣传交流的网络窗口，利用互联网不仅展示形象，鼓舞士气，而且极大地整合了社会科普资源。③对口交流学，只要上级科协安排有学习或者培训的机会，都尽量派人参加。县科协号召和组织基层学会、协会、乡镇科协等专业组织走出去或请进来，到科研院所、先进地区对口交流学习，提高基层学会、协会团体的专业工作水平。如县柑橘协会、茶叶协会、蔬菜协会等团体发展壮大到今天，名扬省内外，重要的一条就是重视对外交流学习。

多年来，石门县科协一班人在理念上始终树立"班子创五好、成绩争一流、工作求特色、单位当先进"的工作目标，发扬"自讨苦吃、自寻烦恼、自作多情、自我奉献"精神，注重实干、追求发展、寻求超越。例如，在开展创建科普示范县工作中，由于人手少、工作量大，创建期限实际上不足两年，科协一班人只能争分夺秒、加班加点，扎扎实实抓创建，怀着不夺牌匾不回头的决心努力工作。最终以高分通过国家检查组验收，如期获得"全国科普示范县"荣誉称号，受到县委、县政府领导对科协工作的好评。2009年，被评为"全县十大新闻事件"之一，县委、县政府领导专门为科协在大会上致颁奖词。县级科协虽然人手少，但靠勤奋和干劲，在几年内办了几件有影响的事，引起了强烈的社会反响，科协事业从此掀开了新的一页。

☞［案例4］

江苏省盐城市盐都区科协
通过"三项创新"抓好党建工作

2012年，盐都区科协积极探索"党建带科建、科建促党建"的新举措，深入开展"科协组织建设提升年"活动，通过"三项创新"抓好党建工作，使科协组织增强凝聚力和影响力，提升了科协工作水平，各项工作取得明显成效。

创新思路抓党建。区科协联合区委组织部下发"关于开展科协组织建设提升年"活动的实施意见，并专题召开活动动员大会，明确活动的步骤和具体要求，为推进科协组织建设工作奠定基础。各级组织按照活动要求，认真履行自身职能，注重在"带"字上下功夫，努力做到带思想、带工作、带组织、带作风，着力落实好"四个支持",即:支持科协组织做好科技工作者的思想政治工作,支持科协组织依照法律和章程独立自主地开展工作,支持科协组织推进和深化各项改革,支持科协组织参与社会公共事务。

创新模式抓党建。针对新形势下科协组织建设出现的新情况和新问题,从有利于发挥科技工作者在组织中的作用出发,主动创新科协组织建设的模式。按照"哪里有科技工作者,科协工作就做到哪里;哪里科技工作者比较密集,科协组织就建到哪里"的要求,坚持数量和质量并举、建设和管理并重的原则,大力加强组织建设,最大限度地把科技工作者凝聚在党的周围,协助做好党的群众工作。积极探索学会(协会、研究会)和行业性、区域性科协联合体的组建模式,突出抓好新的学科学会、非公企业科协、农村专业技术协会的组建工作,努力提高科协组织组建率和科技工作者入会率。

创新举措抓党建。针对部分基层科协秘书长成分新,抓科协组织建设经验缺乏的实际,及时对全区科协秘书长就如何搞好科协组织建设工作进行专题培训,进一步明确了科协组织建设工作的流程,为科协工作可持续发展提供源动力。同时,积极发挥党建与科建的互动作用。各级党组织、科协组织坚持把创建基层先进党组织和科协组织、党员示范岗与优秀科技工作者,建立党员干部专业实训基地与科普示范基地等方面相结合，建立工作互动、活动互融机制，以党员的先进性来引导科协组织，以科学技术知识来武装党员，真正实现了以党建带科建，以科建促党建，全面推进和不断加强科协组织建设。

（摘编自江苏省科协网文章）

二、扩大科协基层组织覆盖面

科协基层组织包括乡镇科协、街道社区科协、企业科协、农技协等。各地县级科协及基层科协在多年的工作实践中，创新工作思路，不断推进组织建设，扩大科协组织的社会覆盖面，为科协组织发挥作用、服务社会，创造了广阔的空间，赢得社会的赞誉。

☞［案例1］

山东省惠民县科协多项举措并举，
加强乡镇科协组织建设

惠民县科协联合县委组织部门，对全县乡镇科协工作进行调研和梳理，本着既不增加乡镇负担、又有利于科协工作开展的原则，建立乡镇科协。具体做法是：①由县委组织部任命一名乡镇班子成员兼任科协主席，不因为干部的人事变动影响到乡镇科协的架构，保持了乡镇科协系统的稳定性。②各乡镇根据科普工作的特点，把责任心强、工作经验丰富的同志充实到科协干部队伍中来，在熟悉科普工作的部门中选任一名专职乡镇科协副主席，具体负责科协相关事务。③乡镇设立科普服务指导站，负责科普宣传，每个行政村设立一名科普员负责科普宣传栏的管护和科普资料的发放。通过完善的体系建设，加强了乡镇政府对科协工作的领导，进一步充实了乡镇科协的力量，健全了科普通道。在上级科协组织的"科普之春"、"科普村村通"、"科普大篷车进校园活动"等项活动中，乡镇科协发挥了积极的作用，推动了农村科普工作的开展。

☞ [案例2]

湖南省衡南县科协采取有力措施，建立和完善乡镇科协

衡南县科协为建立和完善乡镇科协，采取了如下措施：①由县委组织部下发《关于建立完善乡镇科协组织的通知》，就乡镇科协主席、秘书长人选条件、办公场地、办公经费等方面提出具体要求；②由县委组

织部和县科协对乡镇呈报的科协主席、秘书长人选，按干部任免条件和程序进行联合考察，之后由县委组织部下文任命；③由县科协统一制作科协牌子配发给各乡镇；④由县科协统一组织对各乡镇科协主席和秘书长进行培训。

衡南县科协通过上述一系列有力措施，使全县27个乡镇健全和完善了科协组织，真正做到了"四有一落实"，即有组织机构、有办公地点、有统一牌子、有议事规程，全面落实科协各项工作任务，从而切实保障了科协工作在乡镇和农村基层的正常开展。

☞［案例3］

江苏省南京市锁金村街道科协重视组织建设，积聚科普资源，壮大科普队伍

在南京市玄武湖畔、紫金山麓，活跃着一个闻名遐迩的街道科协——锁金村街道科协。这是江苏省科协系统最基层的科协组织，服务着辖区6平方千米范围内6.4万居民和10多所高校院所、40余家大型企事业单位。成立于1991年的街道科协一直得到街道党政班子的重视和支持，历任街道党工委书记担任科协主席，街道办事处主任担任执行主席，分管经济工作的副主

任担任常务副主席，并设秘书长1名，理事13~15名，由驻街道大专院校、科研院所及有关大单位分管科技工作的部门领导担任；各社区也分别成立了社区科普站，成员5~7名，由社区主任及社区科普活动骨干组成。街道科协吸收南京林业大学、林产化工研究所等28个单位为团体会员，建立了7个科普教育基地，使之成为街道科普工作的重要资源。

多年来，锁金村街道科协坚持以"三个代表"重要思想和科学发展观为指导，以贯彻实施《科普法》和《全民科学素质行动计划纲要》为主线，以"提升素质，促进和谐"为目标，紧紧围绕党和政府的中心工作，充分发挥科技工作者和社区科普志愿者的作用，积极探索社区科普工作新思路、新举措，扎实开展科普宣传、科技咨询、学术交流等各项活动，创新载体，完善机制，狠抓落实，取得了明显成绩。街道被评为全国"科教进社区"先进集体，五个社区被评为"江苏省科普文明社区"，先后获得全国及省、市、区科普工作先进荣誉60多项。2005年，街道被命名为南京市科普教育基地。

（摘编自安徽农网文章；原稿来自江苏省科协）

☞［案例4］

山东省高青县科协从实际出发，分三步建立健全企业科协组织

高青县科协的三个步骤是：

第一步，调查摸底，掌握实情。高青县虽然是农业县，但也有许多大大小小的企业。哪些企业具备条件可以建立企业科协，哪些不能，县科协对全县企业尤其是规模较大的企业进行了调查摸底。调查结果分成三类，第一类是建立企业科协的条件成熟的企业，这类企业有科研院所或科研科室，企业负责人全力支持企业的科技创新。第二类是建立企业科协的条件基本成熟的企业。这类企业有分管科技工作的负责人，有兼职科研工作人员，但无科研组织。第三类是家长制企业，没有成立企业科协的基础条件。

第二步，加强沟通，促成共识。建立企业科协条件成熟的企业有好多，哪几家能够率先建立，并且能够起到示范带动作用，县科协选择了两种企业：一是企业负责人学历较高，特别重视企业科研工作；二是与县科协关系比较密切的企业。选定企业后，县科协即与企业负责人进行沟通。沟通的内容包括：企业科协建立的方式方法、科协职能、科协人选等。由于事先掌握了该企业的基本情况，在沟通建立企业科协组织时，

基本没有大的障碍，达成共识比较顺利。

第三步，结合实际，建立组织。按照传统的做法，科协成立需要进行选举，由于是企业新建科协组织，选举产生的条件和时机不够成熟，科协采取了企业申请，县科协批复的办法。企业以文件的形式向县科协提出建立科协组织的申请，申请内容包括：职责、章程及人员分工等。县科协经审议后批复企业的申请。企业科协工作的好与差，负责人的人选极为关键，县科协坚持企业主要负责人任科协主席，科研院所或科研科室的负责人任常务副主席。这样，企业科协工作的正常运转得到了很好的保障。

☞［案例5］

福建省莆田市城厢区科协积极发展非公有制企业科协，发挥企业科协作用

近年来，城厢区科协先后在11家非公有制企业中成立企业科协，并注重发挥企业科协作用。其具体做法如下：

一是深入了解，增加覆盖。在企业科协建立筹备阶段，区科协深入本区多个非公企业，与企业负责人沟通，与科技工作者座谈，详细了解他们建立企业科协

的意愿。在意愿比较强烈的企业中，有选择性地严格按照章程建立企业科协，不断扩大企业科协覆盖面，科协主席、副主席、秘书长均由企业负责人和科技骨干组成，为今后企业科协工作的开展、作用的发挥奠定了坚实的基础。

二是发挥作用，促进发展。区科协引导企业科协不断创新工作思路，主动围绕企业生产经营的重点和难点问题，积极组织企业科技工作者深入开展"讲理想、比贡献"活动，参与新技术引进、新产品开发和新市场开拓，开展科技攻关、技术咨询和合理化建议等活动，为企业创新发展献智出力。如：福建中科万邦光电股份有限公司的"大功率 LED 路灯关键技术开发及产业化"研发，莆田市力天量控有限公司的"CGWM－16 型大力值轧制力传感器"项目，福建省莆田市海源实业有限公司的"菲律宾蛤仔大水面人工育苗关键技术研究"等，均采取这些措施。企业科协还发挥自身优势，联合设在企业的院士工作站，以技术创新项目为纽带，密切与设在省科协的中国科学院院士工作联络站、中国工程院院士联络处和省、市科技咨询中心的联系，以"618"院士项目对接为平台，积极推动"金桥工程"建设，吸引高端智力、技术、项目资源向企业集聚，促进高端科技创新成果对接。在中科华宇（福建）科技发展有限公司企业科协的推动下，该公司与省中科院合作研发的水性鞋用胶研发成功，批量生产并投放市场。

三是面向员工，宣传科普。非公有制企业吸引了大量的农村转移劳动力及外来农民工，面向企业员工开展科普活动是企业科协工作的一项重要内容。企业科协将普及企业生产所需的科技知识放在重要位置，与企业人力资源管理结合，开展职工培训教育；与企业群众活动结合，开展科普现场咨询宣传活动；与企业文化宣传结合，开设企业科普报、科普宣传角，开展联谊活动。按照《科普法》和《科学素质纲要》的要求，积极开展多种形式的"科普进企业"活动，鼓励企业融入社会化大科普格局。

☞ ［案例 6］

贵州省贵阳市云岩区科协充分发挥辖区智力资源、人力资源和信息资源密集的优势，推进企业科协建设

2008 年以来，云岩区科协深入企业调查研究，先后在科技人员相对集中的大型国企贵阳铝镁设计研究院和有一定规模的贵州益佰制药股份有限公司、贵州宏奇制药股份有限公司、贵州博士化工公司等 17 家企业成立了科协。区科协坚持深入基层，把党的关心和政府的相关政策送到企业，与企业科协一道，围绕企业建立的科技研发管理体系和科技人员激励机制，积

极调动广大科技工作者开拓创新的热情，形成了尊重科学、尊重人才、尊重创造的风尚，引领了科技创新的步伐，日益提升的综合实力与整体优势成为企业发展的坚强后盾。

贵阳铝镁设计研究院科协在院党委的领导下，坚持科技工作前瞻性与实用性相结合，大力开发新技术、新工艺、新装备，在节能减排、发展循环经济方面发挥了积极作用。该院立项的"氧化铝生产工艺流程及物料平衡优化研究"完成了拜尔法工艺应用软件编制，达到国际先进水平；"电解烟气净化氧化铝加料装置"在关键性的指标上取得了突破，对开拓国际市场提供了有力的技术支持；开发的"铝电解预焙槽'三度对优'的控制技术"在印度Balco铝业成功应用，并在中铝广西分公司通过鉴定，技术达到国际先进水平。

在投身市场经济参与国际竞争中，民企贵州益佰制药股份有限公司科协积极协助公司决策层，充分调动广大科技工作者科技创新的积极性，把科研成果的产生和利用作为企业生存的首要之本，在科学研究、项目攻关、工程设计和其他学科以及专业技术领域取得了一大批科研成果，该企业作为贵州省医药行业的龙头企业，是贵州第一家上市的民营企业。

☞ ［案例 7］

四川省遂宁市安居区科协
因地制宜发展特色行业协会

2008 年以来，安居区科协在协会的组织形式、管理方式、规模等方面本着适应本地特点、实际需要和发挥优势的原则，先后组建了一批特色产业协会。

安居区马家乡食用菌种植协会，到 2010 年已发展会员 790 人，下设食用菌制种基地一处、生产示范基地三处，带动周边 6 个乡镇，45 个村，2700 个种植户。协会与鞍马公司合作，开发出盆景式食用菌 8 个品种，并注册"灵芝盆景"商标，获得专利一项。马家乡出产的盆景式食用菌不仅畅销四川、重庆等地，而且远销到欧洲。

磨溪乡沙田柚协会，承担了"沙田柚早结丰产栽培技术研究及推广"项目，荣获安居区科技进步三等奖，许多农户根据这项技术种植沙田柚获得丰产。

观音乡枇杷协会，建立大五星枇杷标准化示范区 1 万亩，其中 3000 亩已正式投产，并带动周边乡镇发展万亩以上。

安居区生猪协会，组织乡村发展万头养猪场 15 个，千头养猪场近 100 个，使全区生猪年出栏达 150 万头，并计划三年对千头以上养猪场实行"发酵床养殖改造"。

安居区科协以规范协会组织和发展协会产业为重点，切实加强协会组织建设，创新管理运行机制，有效提高了协会在农民增收、农业增效和农村经济发展中的带动作用。

☞ [案例 8]

辽宁省葫芦岛市建昌县科协建立
多个科普服务站，扩大科普工作覆盖面

建昌科协认真落实上级科协要求，协调各乡镇，依靠专家服务组，在全县普遍开展科普服务站建设工作。截至 2012 年 5 月，全县首批科普服务站建设工作已全部完成，共建立科普服务站 42 个，其中标准型科普服务站 26 个，实用型科普服务站 16 个。同期，还建立了县科协养殖、种植 QQ 群各 1 个；建设带有 LED 电子显示屏式宣传栏 26 个；成立了 81 人的科协综合专家服务组 1 个；配备科普宣传员 45 名；组建乡、村两级科技咨询服务队 20 支、154 人。科普服务站通过以网络视频为主体的现代科技手段，采取创建 QQ 群的方法，在专家、农户、实用技术三者之间搭建科普信息化服务平台。每个需要接受服务的农民将自己的 QQ 号码加入县科协创办的两个专家服务 QQ 群便可接受服务。

专家服务组根据农时和农民需要，深入大棚、果园、农户，实地指导和示范，让农户在田间、地头和家中可学到实用技术。

建昌县科协通过建设科普惠农服务站和科普益民服务站，突出民生主题，搭建务实有效的科普服务平台，增加科普服务项目，创新科普服务方式与内容，整合社会科普资源，进一步强化科普服务功能，拉近百姓与科普的距离，让城乡居民真正享受到惠及民生的科普成果。建昌县科协的建站工作得到建昌县委、县政府的高度重视。在短短几个月内，县科协深入基层细致调研、摸底，进行具体指导，最后42个标准科普服务站终于建成，为今后深入开展科普工作打下了更扎实基础。

三、推进农技协组织创新发展

农技协是在我国农村产生的"民办、民管、民受益"的农村经济合作组织，是推动农村科技进步的有效载体，在促进农业增效、农民增收、推动农村经济发展中发挥着重要的不可替代的作用。如何做好农技协工作，使之在农村产业结构调整，促进农民增产增收中更好地发挥作用，目前已成为科协工作的重点。

　　各地县级科协在工作实践中，不仅积极推进农技协组织建设，在促进农技协发展模式上也着力探索创新，不断激发农技协的活力。例如，"支部＋协会"、"公司＋协会"的模式，便是农技协走出的适合自身发展的路子。

　　"支部＋协会"是以党支部为核心，以农户为基础，以产业为依托，以协会为载体，以富民为目的，通过支部抓协会，协会带农户，让农民得实惠的一种新的农村工作模式。"支部＋协会"的运作方式灵活多样，既可以由村党支部率先领办、创办协会，依托协会带动和服务农户；也可以坚持村党支部管理协会，为协会的发展壮大提供支持和服务。这个模式优势是：①有效发挥了支部对协会的引导作用，保证协会的工作沿着正确的方向开展；②有助于增强协会的凝聚力，进而提高了农民进入市场的组织化程度，推进农村经济结构调整和农业产业化进程；③"协会＋支部＋会员"的良性互动，改变了党建工作与经济工作"两张皮"的现象，找到了新时期加强基层党建工作和经济工作的有效抓手；④延伸壮大了农业产业链，产生了成立一个、影响一片、致富一方的引带和辐射效应。

　　"公司＋协会"的模式是在协会不断壮大的基础上注册公司，以便促进产品的营销。如果单一地发展农技协，会员仅局限在研究技术推广应用上，很少研究市场经济、市场营销，且无法对外签订各类经济合同。如果单一地建立公司，生产的第一车间所需原材料还需要与广大农户协商，且原材料的质量和数量都难以保障。如果协会和公司形成联合体，建立"公司＋协会"的模式，则农技协的会员可以通过努力提高生产技术，让原材料质量有保障。同时，公司通过深加工，提高产品附加值，能确保会员生产的产品销售出去。

☞［案例1］

甘肃省成县科协及各级组织立足于当地实际，服务和壮大农技协，推动特色产业发展

自甘肃省成县县委、政府实施"特色产业年"以来，成县科协及各级组织根据本地实际，积极引进特色农产品，为本地发展特色产业，有针对性地开展业务指导。

成县科协对技术服务型农技协，开展了会员及管理人员实用技术强化培训。聘请县内外农业专家举办培训班、采用"走出去，请进来"等方法，使会员和管理人员学有所用，学用相长，逐步向技术经济型转变。对技术经济服务型的养殖加工类农技协，开展农技协之间的服务效应、经济收入等方面的比较，使其能够发现自己的不足，取长补短，进一步提高技术经济服务水平，逐步向技术实体型转变。对发展较好的种植类技术经济实体型农技协，引导其实行"六统一"（统

一安排种植计划，统一供应种子、药品、化肥，统一技术培训和制定技术方案，统一制定收购质量标准和包装，统一规定收购价格，统一销售）方法，提高产业链的利用率，有效增加特色产业产值。如县中草药协会成立以来，引导其立足县内资源优势，为会员搭建服务平台，联系本县中药材种植、营销、加工等方面的热心人士，积极为产业生产提供服务，很快转变为技术经济实体型农技协；店村镇蔬菜协会发挥本地"三蒜"资源优势，创出了"店村牌大蒜"特色产品，探索总结出了大蒜—玉米等7种立体种植模式，有力地提高蔬菜种植的经济效益，已转变为县内经济效益最高的技术经济实体型农技协。

多年来，成县农技协多次受到各级组织的表彰奖励。小川镇核桃营销协会获2008年度陇南市优秀农民专业合作组织；店村镇大寨村蔬菜协会、索池乡核桃协会、红川镇韩庄村蚕桑协会、沙坝镇李坝村养鸡协会等获2008年度陇南市优秀特色产业；县核桃协会被陇南市科协评为中华人民共和国成立60周年"全市科普工作先进集体"；成县绿色养殖协会、店村镇蔬菜协会被县委、县政府评为2009年度农村科普工作一等奖。

☞［案例2］

辽宁省海城市科协成立海城市农技协总会，对各农技协进行业务指导和扶持

海城市农技协总会开展工作的主要做法有：①依托特色产业组建协会。几年来，根据海城市特色产业，先后组建了马风南果梨协会、耿庄姜蒜协会、望台镇赵坯蔬菜协会等一批具有发展前景的协会。②发挥典型带动作用。每两年召开一次农技协工作经验交流会，表彰"五佳"、"十佳"农技协，介绍先进经验，促进和带动农技协工作的开展。③加大扶持力度。在政策上倾斜农技协，协调党委、政府及科技、农业部门制定对农技协的优惠政策。在资金上支持，科协每年从科普经费中拿出部分资金支持农技协开展工作，协调当地政府对农技协给予一定资助。聘请专家教授为农技协会员进行培训。④提高农技协知名度。通过广播、电视、报纸等新闻媒体，大力宣传农技协建设原则、管理办法、经营成效以及先进典型事迹。积极推荐优秀农技协理事长任市级政协委员、人大代表和科协委员，给予政治地位，扩大影响。⑤提升农技协领导素质。每年不定期组织农技协理事长（会长）、骨干会员外出培训和参观考察，学习外地的新技术、新经验，提高自身素质。⑥大力开展科普工作。引导农技协积极开展科

技推广、科技培训和信息、市场等多方面的服务活动，带领广大农民群众依靠科技促进农业增产、农民增收和农村繁荣。

☞［案例3］

安徽省望江县科协用"五抓"多管齐下，引领望江县网箱养鳝协会健康发展

望江县科协的"五抓"是：抓技术、抓试验、抓培训、抓服务、抓示范。具体做法是：

协助协会制订《技术服务规范》，明确技术服务人员的责任。技术人员经常到养殖现场，为会员化验水质，提供准确数据，上门诊断鳝病，提出解决方案，减少养殖风险。

帮助协会与大专院校及研究所保持合作关系。县科协与安徽农业大学祖国掌教授研究小组合作，在望江县武昌湖科技示范基地人工繁殖黄鳝苗，人工繁殖鳝苗的成功将彻底解决制约鳝农养鳝的"瓶颈"。

县科协和协会委托望江宏艺职业学校为协会会员举办黄鳝无公害养殖、网箱生态养殖等新技术专题讲座，并组织养殖大户召开经验交流现场会。

鼓励协会坚持常年免费为会员进行技术服务，并编印《养鳝信息》，不定期出版，重点介绍养鳝技术等。

推动协会抓科技示范基地和网点建设。要求一切新的养殖品种、新的养殖技术、新的饲料品种、新的鱼用药品，都要在武昌湖科技示范基地先试验试用后再推广。

☞［案例4］

湖北省大悟县农技协采取多种措施，倾心助力新农村建设，取得良好的社会效益和经济效益

大悟县农技协的主要做法是：

一是健全协会组织，加强指导管理。目前，大悟县已成立县、乡镇、村组三级茶叶、花生、中药材等农技协215个，会员达2万多人；县科协对全部农技协登记建档，每年召开一次农技协负责人会议，以加强对农技协的指导和管理。

二是开展技术培训，提高科学素质。各农技协结合实际，采取以会代训、实地操作、科普讲座等形式开展实用技术培训。如大悟县茶叶技术协会每年在各专业合作社举办培训班，培训技术骨干和普训茶农。

三是服务方式灵活，引领农民致富。一些农技协采取技术入股、合伙经营、签订协议等服务方式。如大悟县新城镇花生专业技术协会对困难农户先期提供花生

良种及地膜，等花生采收、收购时统一扣除；还与农户签订购销协议，以不低于市场价收购到湖北新诚楚天花生专业合作社加工成"楚天红"花生油，解决了农户销售的后顾之忧。

四是加强技术合作，实施"金桥工程"。在县科协指导下，一些农技协加强与高校、科研院所的技术合作，大力实施"金桥工程"，先后有茶叶协会与省果茶所、中药材协会与湖北中医药大学、花生协会与武汉油料所等建立技术合作关系。如大悟县中药材协会与湖北中医药大学通过开展技术合作，承担了"中药材生态化规范化种植技术应用与推广"国家科技富民强县专项行动计划项目，现在全县已发展中药材 10 万亩，实现系列产值 6.5 亿元，成为大悟县特色支柱产业。

☞［案例 5］

安徽省宿松县科协连手县水利局，指导并支持成立河蟹协会，促进水产业持续发展

宿松县为安徽省第一、全国第二水面大县。20 世纪 80 年代末引进河蟹养殖，取得良好的经济效益。但随着大面积推广和河蟹对水生动植物资源的高消耗性，

湖泊生态环境遭到严重破坏，许多水面几乎成了无水草区域，养殖效益急骤下降，形成了湖泊资源衰退、成蟹规格小、品质差、养殖效益低的局面。

宿松县科协和水产局针对当时的不利局面，指导并支持成立了宿松县河蟹协会。协会积极与安徽农业大学、上海水产大学合作，组织专家调研考察，在安徽农业大学祖国掌教授和上海水产大学王武教授等的指导下，因地制宜地制订了科学养殖模式，指导养殖企业实施湖泊生物资源修复和种草移螺，通过实施标准化生产，加强湖泊生物资源修复，促进了湖泊生物资源的良性循环，水生动植物资源得到有效恢复，改善了渔业生态环境，也大大提高了经济效益。

协会常务理事单位安庆市泊湖全美蟹业有限公司与安徽农业大学、上海水产大学合作实施的《泊湖资源修复与渔业利用技术研究》课题项目，使泊湖多年来无水草区域水草覆盖率达到90%以上，主导产品河蟹及鱼产量提高了72倍，效率提高了10倍。2007年4月经安徽省科技厅组织省内外专家评审认定，"该项技术研究成果在同类技术研究中居国内领先水平，建议大力推广"，同时获省科技进步二等奖。泊湖全美蟹业有限公司科普示范基地被中国科协、财政部授予"全国科普惠农兴村"先进单位。

2008年，宿松县被农业部确定为国家级河蟹标准化生产示范县。其中《黄湖牌大闸蟹标准》通过认定达国内先进水平，《大水面长江中华绒螯蟹放养技术规程》、《成蟹暂养技术规程》、《蟹苗、仔蟹、幼蟹、成蟹、亲蟹的捕捞和运输规程》三个标准被安徽省质量技术监督局审定为省级地方标准。

宿松科协与河蟹协会长期保持亲密联系，积极指导、出谋划策并为他们与高校牵线搭桥，促使河蟹协会为宿松水产业持续发展做出积极贡献，取得了经济效益、生态效益和社会效益的全面提高。

☞［案例6］

黑龙江省鸡东县万寿菊种植专业合作社组建党总支，以党建带动合作社发展

在鸡东县县级层面，万寿菊种植专业合作社党总支隶属县供销联社党委管理；在乡镇一级层面，分别在万寿菊种植面积较大的鸡东镇、平阳镇、向阳镇、东海镇、永和镇、下亮子乡设立了党支部，隶属合作社党总支管理；在村一级层面，设立63个党小组，隶属乡镇党支部管理。三级组织网络的构建层次分明、上下联通，为促进万寿菊产业的进一步发展奠定了组织基础。

万寿菊种植专业合作社党总支书记由合作社理事长担任，同时将乡镇分管农业的副乡（镇）长充实进党

总支班子。6个乡镇的分社支部书记由主管农业的副乡（镇）长担任，选拔产业骨干、懂行的村组干部、对口乡镇干部进入党支部班子，形成搭配合理的领导层。

合作社党总支在生产经营骨干中筛选出由本人提出入党申请的社员，确定为重点入党积极分子，由合作社党总支和支部班子成员分别进行联系，村党支部和党员配合培养。截至2010年，有18名合作社生产经营骨干在党总支的培养下加入了党组织，表现得十分突出，以组织壮大带动了产业壮大。

合作社党总支除了帮助合作社落实财税文件中免征增值税等四项优惠政策外，还按农时季节编写《万寿菊简报》，及时、准确地把惠农强农政策传达到社员，把社员的思想和企业动态反馈给县委、县政府，为县里出台政策提供依据。

合作社党总支注重协调合作社与业务主管部门、审批部门之间的关系，与企业、社员之间的利益关系，在和谐中寻求发展。针对社员反映企业收花扣水没有科学依据的实际，党总支与市、县计量部门在现场采样、烘干、检测的基础上，共同制定了特殊天气情况下扣水标准，得到社员的理解和认同。对于社员最关心的花款兑现问题，党总支协调企业将花款分三期于每年10月底前全部兑现，保护了社员种花积极性。党总支还深入生产第一线，对社员实行"三帮"，即帮资金、帮技术、帮信息，使社员安心生产。党总支还为社员进行担保，协调种花资金 3000 余万元；以低于市场的价格，赊销给社员各种农药、化肥。党总支想花农所想，急花农之所急，组织党员骨干编写了《万寿菊栽培技术规程》，印发上万册；培养 20 个重点科技示范户，免费向全县花农传授生产技术；推广"二前一早五必须"育苗技术和"二铲三趟高培土，花前三遍药和肥"的高产栽培技术，促进全县万寿菊实现高产稳产。

近年来，党总支在合作社党员中开展带头推广先进种植技术、带头试种新品种活动，并在合作社党员中建立示范岗 54 个，开展党员与社员、大户与小户、成员户与农户、师傅与徒弟结对帮扶活动，指导采用新技术 14 项，新品种 5 个，解决资金、生产资料、人力、运输方面的难题 200 余个，受益群众达 5000 余人。

合作社党总支还建立了党组织与理事会联席会议制度。把党的作用自然渗透到合作社中，保证了合作社按章经营、集体经营、阳光经营。每年初，党总支都拿出一些经费用于开展各种活动以及奖励合作社中的优秀共产党员，保证了党的工作顺利开展。

☞ ［案例7］

四川省宜宾县科协在农技协积极推行
"支部＋协会"模式，促进农技协发展效果明显

宜宾县科协推行"支部＋协会"模式主要采取了六项措施：一是在产业基础好、市场前景广阔、辐射面大、带动作用强的产业链上优先发展专业协会；二是对已建的专业协会进行规范，使其建章立制，规范运作，发挥作用；三是办好示范样板，现身说法，引导农民自觉加入到协会行列；四是按照成熟一个、组建一个的原则，提高"支部＋协会"的覆盖面，并在质和量上都获得较大的突破；五是注重农村基层党组负责人（成员）在专业协会中任职，以保证党支部在专业协会中的领导地位；六是积极争取"科普惠农兴村"等项目，为专业协会提供政策和资金扶持，使其做大做强。

通过上述措施，村党支部在该县经济发展中的作用得到充分体现。一是组织保证作用。村党组织积极参与协会建设，指导帮助协会选举负责人，为协会推荐各类人才，指导帮助协会完善内部组织体系。二是协调服务作用。党支部为协会解决发展过程中遇到的资金、土地等方面的问题，提供政策、信息以及办理证照等方面的支持。三是宣传动员作用。党支部广泛宣传

党在农村的方针政策，动员群众积极加入专业协会。

　　"支部＋协会"模式在发展宜宾县农业经济、促进农民增收方面的作用也是实实在在的。在基层党组织的带领下，协会已成为推进该县农村经济发展的生力军，一般农村专业协会的会员年收入是入会前的 2～3 倍，高的达 5～10 倍。特别是一些发展较好的协会均按"支部＋协会"的工作模式组建和运作。如：王场乡渔业协会获"农业部水产健康养殖示范场"称号；永兴莲藕协会获农业部颁发的"永兴无公害农产品"证书；古柏生猪协会被省科协表彰为省百强农技协；双谊乡芽菜发展协会已被中国科协、财政部联合表彰为全国"科普惠农兴村"先进单位。

☞［案例 8］

湖南省洪江市科协大胆创新，在洪江市柑橘协会开展党建示范试点工作

　　洪江市科协为加强对农技协的指导，促进农技协快速发展，积极探索党组织在农技协组织中如何发挥领导核心和先锋模范带头作用。洪江市科协的主要做法是：

　　首先，建立支部，完善制度。根据洪江市农技协的实际情况，经洪江市委组织部、洪江市直机关工委同

意，决定在洪江市柑橘协会中进行党建试点。洪江市柑橘协会目前是洪江市会员最多、组织最健全、管理较完善、运作较好的一个协会，在安江镇有固定办公场所，有党员会员100多人，分布在全市25个乡镇及部分市直企事业单位。协会下设六会一站、一中心、两公司。根据柑橘协会的实际情况，决定成立洪江市柑橘协会党支部，按片分区成立党小组。柑橘协会支部成立几年来，坚持支部抓协会、协会建基地，党员联系困难群众的发展思路，深入开展"党员助民富"活动，完善各项管理制度，强化民主监督，实行"阳光作业"，财务公开制度，使协会会员放心。

其次，优化服务、提高协会凝聚力。协会在支部领导下，积极为会员开展产前、产中、产后全程技术服务，实行"六统一、一保护"的服务模式，即统一发展规划，统一配置资源，统一病虫防治，统一技术培训，统一品牌销售，统一为会员协调发展资金，对会员的产品销售制定了最低保护价进行收购，解决了橘农信息不畅、技术不到位、销售难的问题。

☞ ［案例9］

安徽省萧县科协探索在农技协中建立党组织，促进农技协发展壮大

近年来，萧县科协积极探索在农技协中建立党组

织，把支部建在协会上，促进农技协发展壮大。其具体做法是：

首先，选准"领头雁"，配强党组织班子。在选配协会党组织负责人时，萧县科协遵循三点原则：协会会长是党员的，优先推荐；会长不是党员的，推荐综合素质高的党员会员担任党组织负责人；协会内部无合适人选的，推荐所在村班子优秀党员干部兼任。如萧砀边界养猪协会，内部无合适人选，最后推举协会所在村党总支书记王传民兼任协会支部书记，赢得协会党员的一致认可。

其次，规范完善职能，强化引导和协调。党组织引导协会会员在贯彻执行方针政策上当表率、在产业结构调整上当示范、在传授技术上当骨干。党支部主动协调、解决协会生产经营中遇到的困难和问题，先后为龙城蔬菜协会、杨楼大蒜协会等11个农民专业合作组织成功申报"安徽省无公害农产品基地"，为协会发展注入资金500余万元。

再次，目标责任管理，起先锋模范作用。建立了党员会员联系非党员会员责任制，每名党员会员联系2～3名非党员会员，引领其积极向党组织靠拢；实行党员会员包扶贫困农户责任制，每人联系2～3个贫困户，帮助他们发展致富项目。

最后，培养优秀会员，储备村班子人才。一是注重发现。协会党组织通过活动，发现优秀会员，把他们列为培养对象，重点跟踪培养。二是注重培育。有意识地给优秀会员压担子、交任务。三是注重发展。对表现优秀、符合条件的会员，及时吸收入党。对能力突出、威信较高的会员，及时向组织推荐，参加村班子选举或纳入村后备干部库。截至 2010 年，全县协会党组织共发展党员 50 多名，推荐村级后备干部 400 余名，有 60 名优秀会员被选进村级班子。目前，农技协中建立党支部 28 个，成立党小组 51 个，管理党员 1400 余名，培养入党积极分子 500 多名，百余名优秀会员选进村级班子引领农村发展。

☞ [案例 10]

重庆市云阳县农技协采取四种发展模式增加农民收入

近年来，云阳县农技协快速发展，得益于农技协采取了"协会＋支部＋农户"、"协会＋合作社＋农户"、"协会＋公司＋农户"、"协会＋基地＋农户"四种发展模式。

一是渔公水产养殖协会的"协会＋支部＋农户模式"。云阳县平湖渔公水产养殖协会在理事长温定军的带领下，积极探索协会＋支部＋农户的发展模式，组织机构、生产规模不断壮大。截至 2011 年底，协会成立的党支部拥有党员8人，发展会员286人，在高阳、平安两镇发展养鱼池4000多亩，已建成高密度微流水养鱼池塘38口，养殖水面320亩，年产鱼苗1.2亿尾，商品鱼150万千克，总产值2000万元，纯收入800多万元。协会充分发挥党支部的战斗堡垒作用和党员科技示范户的先锋模范作用，积极举办技术培训和科普讲座、开展科普宣传和科技服务，引导广大会员和水产养殖农户转变养殖观念、提高科学素质，帮助农户增效增收，竭力回馈社会，免费为贫困乡（镇）、村赠送鱼苗240多万尾，带动了当地1300户农民增收致富。协会连续两年被县委、县政府表彰为"先进农村专业技术协会"，理事长温定军作为重庆市的代表参加中国农技协"四大"被选为理事，他先后被国务院三建委表彰为"移民培训先进个人"、重庆市劳动模范、重庆市"水产尖兵"。

二是人和肉牛养殖协会的"协会＋合作社＋农户模式"。云阳县人和肉牛养殖协会是一个以专业合作社为基础、会员和农户为纽带，集养殖场、示范村、养殖会员和养殖户于一体的专业技术组织，拥有会员408人，年存栏肉牛2000多头。在科普惠农中加强自身建设、举办技术培训、开展示范服务、促进农户增收，积极推行借牛还牛、标准化养殖、五统一管理等措施，使各项工作初见成效。截至2011年底，协会已发展养殖场8个，示范村12个、养牛户500余户，还带动了周边人和、莲花、巴阳等镇乡的农户发展肉牛养殖。截至2011年，协会年存栏肉牛2000余头，出栏1000余头，会员年均纯收入7108元，高出当地农民年均纯收入5553元的28%，使广大会员和养殖农户在科普惠农中得到了真正的实惠。协会被县委县府表彰为先进专业技术协会，理事长温长青获得云阳县"养牛大王"称号。

三是芸山菊花协会的"协会＋公司＋农户模式"。云阳县堰坪乡芸山菊花种植协会是一个从事中药材种植开发、深度加工、经营销售一条龙服务的专业技术协会。协会在发展壮大的过程中，以云阳县芸山农业开发有限公司为龙头，以会员和农户为依托，已建立种子种苗繁育科普示范基地近1000亩，发展会员602户，带动周边药材种植农户1500余户发展菊花产业。协会按照"民办、民管、民受益"和"自愿、互利、平等"的建会原则，在发展菊花产业中以市场为导向，积极开展科普宣传，举办技术培训，推广新技术新品种，提供产前产中产后服务，推行"四统一"管理，大力普及推广菊花种植技术，不断提高科学技术对菊花种植产业的贡献率，推动了堰坪乡经济社会的发展。截至2011年底，协会会员和菊农平年增收近7000元，科技示范大户年增收2万元以上。协会的快速发展，得到了各级领导的充分肯定和人民群众的好评，先后获得县委、县府表彰的先进农村专业技术协会、先进农村科普示范基地、优秀龙头企业，理事长杨雪梅被评为云阳县第一届突出贡献人才。

四是江口养禽协会的"协会＋基地＋农户模式"。截至 2011 年，云阳县江口镇养禽协会已发展会员 316 人，拥有占地面积 4 亩、总投资 116 万元、养鸡科普示范基地 3 个，鸡舍 1200 平方米和育雏室、仓库、保管室、厨房、办公室等 500 平方米，养殖蛋鸡 15000 只，日产鲜蛋 1500 多斤，年出售小鸡 236000 只，年产值 268 万元。协会积极探索"协会＋基地＋农户"的发展模式，紧紧围绕"科普惠农兴村、助推农户增收"工程的总体目标，充分发挥协会养鸡场、科普示范基地、科技示范户的技术优势，积极带领广大会员和周边农户开展科普宣传、科技培训、科技引进、科技示范、促农增收等科普惠农活动，走出了一条科技普及、示范推广、助农增收良性发展的路子。协会（基地）采取"借小鸡、收大鸡"、让广大农户"零风险"养殖的方式，带动周边村的 88 户贫困户，辐射带动周边农户 5860 余户发展养鸡业，使会员大户年收入已超过 11000 多元，一般会员户和养殖农户年增收入 1500 多元，使他们在发展养鸡业中享受到了科普惠农带来的恩惠。养禽协会的发展，有力地推动了江口镇产业结构调整和科普惠农兴村计划的顺利实施，协会被县委、县府表彰为先进农村专业技术协会、先进农村科普示范基地。

四、以制度建设带动组织建设

在科协组织建设的实践中，各地县级科协及基层科协都把制度建设作为组织建设的重要抓手，通过制度建设，夯实组织基础，规范工作行为，建立保障科协组织生存与活力的长效机制，使科协组织纳入规范化发展的轨道。例如，建立严格的管理制度，保证切实履行职责；建立目标责任制，使工作目标更清晰、考核有依据、成果有验收；完善考评奖励机制，以便激发科协组织的活力；用制度确保民主办会，让科协组织健康发展。

☞ [案例1]

广西壮族自治区天峨县科协认真制定各项管理制度，全力推进"干部执行力提升工程"

2012年以来，天峨县科协采取有效措施，认真制定各项管理制度，并落实月度工作绩效考核办法，强化提升执行力，取得了明显成效。

首先，强化学习教育，营造浓厚活动氛围。县科协始终坚持学以致用、以学促用原则，下大气力抓好干部教育工作。一是认真编排集中学习教学计划，编印了《学用政策抓落实　强化执行促跨越政策文件选编》，分发给各干部职工，使广大机关干部有针对性地掌握有关政策和业务知识；二是完善学习制度，确保"年初有计划和制度，每周有主题和内容，每月有学习讨论，每季度有检查通报，年终有学习总结"。通过集中学习、专题辅导、交心谈心、读书笔记和心得体会等形式对机关干部进行督学，重点强化机关干部的自学能力，提高干部内在素质和抓落实的本领和能力；三是采取外出参观学习与集中培训相结合形式，进一步开阔了干部视野，提高学习成效，增强干部队伍的综合素质和整体修养。

其次，抓责任追究，以制度提升执行力。县科协在做好业务工作的同时，从增强服务意识、健全规章制度入手，本着靠制度管人、依制度办事的原则，制定了《干部管理制度》、《小车管理制度》、《目标管理考核办法》、《内部管理制度》、《财务管理制度》等。建立健全了干部岗位目标管理责任制、绩效考评等一系列制度，实行了干部职工上班签到制度，每月进行考勤公示，对无故不签到的干部职工进行约谈和问责，做到事事有人管，干部有制度管，从而推动各项工作目标任务落到实处，使科协的干部执行力得到进一步提升，干部职工的精神面貌焕然一新。

再次，强化督促检查和绩效考评，推进各项工作"上档进位"。县科协通过强化督促检查和完善绩效考核问责机制工作，健全约束执行制度，严格强化执行纪律，促进工作落实，强力提升干部执行力。通过抓责任分解、抓能力提升、抓制度建设、抓作风建设、抓督促检查、抓绩效考评，推动各项工作"上档进位"。据统计，截至 2012 年 10 月，已开展大型科普宣传活动 7 次；发放资料 16000 多份、科技书籍 5500 本；接受农民咨询 156 人次；培训四大人群 14000 余人；培育建立农技协组织 2 个，科普示范基地 3 个；开展青少年科技活动 2 次；建设"站、栏、员"2 个；积极联系上级财政部门，争取到 10 万元建设资金，为新农村工作联系点更新乡上景村修建长 800 米的三面光水渠 1 条。

天峨县科协通过开展"干部执行力提升工程"，进一步增强了广大干部职工工作的积极性和主动性，增强了参与全局工作、团结协作的意识，有力带动全局良好作风的形成，以真抓实干的精神风貌推动各项工作的高效落实并取得显著成绩。

（摘编自广西壮族自治区科协网文章；原稿来自天峨县科协）

☞［案例2］

山东省莒县科协帮助农技协建立健全规章制度，真正把协会建成自身过得硬、会员信得过的会员之家

　　莒县科协在帮助农技协建立健全规章制度的工作中，强调明确会员义务，保障会员权利，实现责权利相统一，建立明确的产权联结机制；引导群众以资金、土地、技术等生产要素入股合作，建立产权明晰、责任明确、联结紧密的专业技术协会。

　　为保障会员的正当利益，县科协指导农技协建立合理的利益分配机制，推进协会与龙头企业联合，加快向农副产品加工、销售领域延伸，拉长产业链，提高附加值，逐步实现种养加、贸工农、产供销一体化发展。

　　为促进协会稳定发展，县科协积极鼓励农技协大胆创新，引进新技术、新品种，支持农技协争先创优，对新认证的绿色食品和有机食品、山东名牌、中国名牌，县科协争取县里给予数额不等的资金奖励。

☞［案例3］

江苏省江阴市科协加强企业科协制度建设，深入开展"讲理想、比贡献"活动

　　2010年，江阴市科协下发了《江阴市企业科协工

作意见》、《关于在企业科协中开展"先进科技工作者之家"创建工作的意见》等文件，制定了企业科协创建"优秀科技工作之家"的考评条例。市科协坚持每季度召开一次的企业科协工作例会，沟通情况，听取意见，指导企业科协工作。市科协拿出资金免费为各企业科协订阅《企业科协》、《江苏科技报》等杂志和报刊，为企业科协提供信息，拓展企业科协工作思路。各企业科协在实践中努力探索，形成了一些好的做法。如双良科协实行"四大科技制度"，促进企业的技术创新和知识产权保护，该企业现已拥有300余项国家发明专利和实用新型专利。

江阴市科协还通过在企业中开展"讲理想、比贡献"活动、参与区域产学研战略联盟和推进"金桥工程"、"厂会协作"等项目，为科技工作者创设施展才技的载体和平台。

☞［案例4］

福建纺织化纤集团有限公司科协建立健全机构和管理制度，推进企业发展

福建纺织化纤集团有限公司科协在永安市科协和公司领导的指导下，广泛发动广大科技人员投身经济

建设的主战场，开展了"讲理想、比贡献"竞赛活动，针对生产系统中的产能发挥、产品质量、原材料供应和消耗、能耗降低、新产品开发和科研、市场开拓等关键的问题，实施企业"科技创新工程"，促使广大科技人员在做好本职工作的前提下积极参与科技创新工作。

公司科协帮助企业建立了各项管理制度，主要有《新产品开发和技术应用管理暂行规定》、《科学技术进步评审奖励暂行办法》、《科技创新成果奖励暂行办法》、《"讲理想、比贡献"活动实施方案》等10多项。

公司科协深入持久地开展"讲理想、比贡献"活动，在"广"、"活"、"效"字上狠下工夫。"广"，就是广泛发动员工投入到"讲、比"活动中去，找准自己的位置，演好角色，尽情地施展才华，贡献聪明才智，建功立业；"活"就是从企业的实际出发，大胆探索，开拓新的活动方式，充实新的活动内容，以各种各样的活动形式进行学术交流，围绕企业生产中的热点、难点问题开展提合理化建议、决策论证等；"效"就是活动要讲究实效，不做花架子，在促进科技人员业务能力、自我素质提高，促进企业项目的完成，促进新工艺、新技术的推广应用，促进科技成果转化为生产力，促进企业双文明建设等方面踏踏实实地做出应有的成绩。

公司科协深入持续地开展"两个一"活动，推进企业双文明建设。"两个一"活动就是要求企业每个科协会员、科技人员每年都应完成一篇论文、提一条合理化建议。这项活动已经步入了正常化、规范化、科学化的运作阶段。每个科协会员及大部分科技人员都能按要求完成任务，科协每年都做好论文、合理化建议的登记、分类、总结、评比等工作，对优秀论文及合理化建议进行奖励，每年的奖励费用都在 3 万～5 万元。通过总结和评比，活动的效能和活动质量得到了不断提高。

公司科协开好一年两次科协分会秘书长例会，一年一次科协委员会议。科协委员会议主要任务是对上一年的科协工作进行总结，制订下一年的工作计划。确定优秀工程师、先进科协分会、优秀秘书长、优秀攻关项目，并在科协年度大会上给予表彰。通过秘书长会例会，踏踏实实地抓好"攻关项目"、"两个一"活动的实施，做到年初有计划、年中有检查、年终有总结和表彰。

☞［案例 5］

湖北省秭归县科协建立《秭归县科学技术协会民主决策制度》，保障科协工作规范有序进行，决策科学化、民主化和预防腐败

2011 年 6 月，秭归县科协为切实推进惩治和预防腐败体系建设，加强对权力运行的监督和制约，加快决策科学化、民主化进程，建立健全惩治和预防腐败工作机制，根据《中国共产党章程》、《中国共产党党内监督条例（试行）》、《党政领导干部选拔作用工作条例》和县委、县纪委关于加强对党政领导干部实施监督的具体要求，结合科协实际制定了《秭归县科学技术协会民主决策制度》。

《秭归县科学技术协会民主决策制度》的具体内容包括：

在决策内容方面，根据县纪委（秭纪发［2009］4号）文件精神和有关要求，需由科协领导班子民主决策的内容为"三重一大"，具体包括以下几个方面：第一，重要决策部署。主要包括全局性重要工作部署安排与探索性、开创性工作，科普基础设施建设，重大科普活动，推荐、申报和表彰奖励先进单位、先进个人，科技馆国有资产的管理使用方式，对本机关工作人员的奖惩方案等。第二，重要项目安排。主要包括中国科协、财政部实施的"科普惠农兴村计划"、湖北省实施的"科普助力新农村计划"项目的选择、推荐和申报；科协机关、科技馆建设、使用与设施、设备添置等。第三，重要人事推荐。主要包括科级干部推荐和股级干部（含科技馆负责人）的任免，同时包括科协兼职副主席、常委的人选推荐工作。第四，大额资金使用。主要包括2000元及以上的基本建设、设备购置、会议接待、科普项目资助和表彰奖励。

同时，决策遵循三个"坚持"原则：①坚持集体领导、分工负责、民主集中、个别酝酿、会议决定的原则。②坚持凡属"三重一大"问题，都应由科协党组及其领导班子集体讨论作出决定的原则，反对独断专行、个人说了算。③坚持调查研究、科学发展、尊重民意、实事求是、接受监督的原则。

在决策程序方面，根据县委政府和上级业务主管部门对本单位工作与职责的要求，领导班子成员按照分工，结合本地、本单位实际独立负责开展工作。同时要相互通气、相互支持、团结协作。对涉及全局性的、属于"三重一大"范畴的事项，应在认真做好调查研究和可行性分析的基础上，提出工作议案（或思路）交由领导班子集体讨论决定。

对于具体问题，秭归县科学技术协会分别提出了具体决策程序：①凡属全局性重要工作部署、重大项目建设、大额资金安排和表彰奖励等，都要严格按照民主集中制和少数服从多数的原则召开领导班子全体会议集体研究决定。会议由主要领导或由主要领导委托分管领导主持，办公室主任列席会议并做好记录。会议首先由主管领导介绍议案情况、说明实施理由、提出工作方案，再经领导班子集体讨论，通过会议口头表决、达成一致后形成决定、决议并付诸实施。凡是意见不统一、甚至分歧较大并有充分理由予以质疑的议案，除遇紧急或特殊情况外，都应暂缓执行，待进一步弄清情况、征求意见、协商一致后再次表决并形成决定。若仍无法形成共识的，一般应当放弃，但部分坚持认为仍确有必要的，应进一步扩大民主、广开言路，召开相关人员参加的专题讨论会，在广泛征求各方面意见的基础上，最后集中做出实施与否的决定并报县第四纪工委备案，同时通过党务、政务公开，接受社会监督。②重要人事推荐事项，应严格按照《党政领导干部选拔作用工作条例》规定的程序，由主要领导或主要领导委托分管领导主持，首先进行民主推荐和民主测评，在认真调查研究、广泛征求意见的基础上，根据民主测评结果确定推荐对象，然后确定专人组织全面考察和征求各方面意见，最后交由党组研究决定，再按干部管理权限推荐申报。凡是多数人不拥护、不同意的不研究、不推荐。有效防止选人用人上的考察失真和"带病提拔"。③实行失误问责追究制。凡是不按决策程序办事，由个人说了算而造成损失或不良后果的，实行问责追究。造成严重后果的，提请组织、纪检部门依纪、依法追究相关责任人的责任。

（摘编自秭归县人民政府网站）

后 记

　　县级科协工作案例的征集、评审和编辑，是在中国科协组织人事部组织指导下开展的一项重要工作。案例要求是全国县级科协工作中具有普遍性和指导性的典型事例，是对县级科协工作的内容、方法、过程、效果的客观概括和总结，能够对县级科协开展工作起到学习、参考、借鉴作用。为此，本书编写组按照完整性、指导性、典型性和创新性的原则，对886篇稿件进行了统计、整理和初步分类，筛选出656篇，提请评审委员会评审。为保证评审工作的客观、公正，由组织人事部牵头，聘请了解和熟悉县级科协工作的中国科协组织人事部、调研宣传部、学会学术部、科学普及部以及直属单位信息中心、发展研究中心、学会服务中心、青少年科技中心、农技服务中心、中国科普研究所、中国科技馆、科学普及出版社（暨中国科学技术出版社）负责同志，组成评审委员会进行评审，最终选出获奖典型案例。

　　在本书编写过程中，中国科协组织人事部李森部长带领编写组成员，对入选的案例进行了细致分类，研究确定本书的编写原则、编写大纲、框架体例、篇章结构。初稿形成后，分别征求了调研宣传部、学会学术部、科学普及部、信息中心、发展研究中心、学会服务中心、青少年科技中心、农技服务中心、中国科普研究所、中国科技馆等部门和单位的意见。在此基础上，由中国科学技术出版社编辑根据本书编写目的的需要，从近年来的媒体报道中选择和补充了新的典型案例，并在保证事实准确的基础上对文字进行了整理加工。中国科协机关离退休办主任张小林指导了各章导语编写、案例内容选择等，并对编辑工作提出诸多重要的意见；中国科学技术出版社副社长吕建华负责文稿内容的修改、审核工作。副总编辑许英负责协调有关编写工作并审稿。中国科协组织人事部先后4次召开专题会议对书稿内容进行讨论修改，指导编写工作。本书征求意见稿形成后，李森部长亲自审改各章导语和案例，刘红跃副部长为本书作前言和后记，解欣、安宁同志认真承办案例征集和评审具体工作，积极协调编写工作有关事宜并做好条件保障，有力推动了工作的顺利进行，确保了本书的编写质量。

　　在我们编写本书的过程中，最难以忘怀的还是县级科协的同志们，他们既是县级科协工作创新的实践者，也是县级科协典型案例的原创者，他们用丰富的实践和宝贵的经验为本书提供了最生动的素材，成为本书编写的基础；他们认真履行职责、不怕困难、任劳任怨、奋力开拓、锐意进取的精神，深深感动了编写组的同志们，成为我们编写此书的动力和源泉。在此，对他们表示真诚的敬意和衷心的感谢！

　　为保证作品的可读性，在不改变案例真实性的前提下，本书编写组对案例文字表述做了适当的调整和文字编辑加工，以保证案例的准确性和典型性。

　　本书编辑出版中存在的不尽如人意之处，敬请读者批评指正。

本书编写组

2013 年 6 月